開発と〈農〉の哲学

〈いのち〉と自由を基盤としたガバナンスへ

澤 佳成
sawa yoshinari

発行=はるか書房 発売=星雲社

開発と〈農〉の哲学◉〈いのち〉と自由を基盤としたガバナンスへ　【目次】

第Ⅱ部 〈帝国〉の論理に抗う人びと

序章　なぜ、開発に翻弄される〈農〉を問うのか？

1　不安――私たちの食は大丈夫だろうか？

〈もしも、食品の価格がいま以上に高騰したら、家計はもつのかな？〉
〈四人の子どもたちを、大きくなるまできちんと食べさせていくことができるだろうか？〉

もともと心のなかに巣食っていたこうした不安が、新型コロナウイルスのパンデミックが始まった頃から徐々に大きくなってきている。もしも、農家さんや農作物の物流に携わっている方たちが罹患されたら、私たちの食がおぼつかなくなるという懸念が浮き彫りになったのに加え、ロシアのウクライナ侵攻が、未曽有の環境破壊と人権蹂躙（じゅうりん）をし尽くしつつ展開されはじめたからである。

ロシアによるウクライナ侵攻は、地球の食糧庫たる黒土地帯を荒廃させながら、世界中で食料安全保障上の不安をかき立てている。実際、ウクライナ産の小麦を輸入していた国々では飢餓の懸念が高まっているけれども、日本だって他人事ではない。ロシア産のそば粉やカニが入ってこないというウクライナ侵攻に起因する事態に加え、劇的な円安が、食の確保を脅かす事実を我々に突きつけたからだ。今回の歴史的な円安は、主要穀物や包装材の原料となる石油などの価格高騰に拍車をかけ、給与は上がらないのに食品価格を値上がりさせている。それに加え、食料調達現場での買い負けを誘発し、スーパーから魚がなくなるかもしれないと報道される事態になっている。

日本にはまだ自給率一〇〇％のお米があるから大丈夫じゃないか、と思われるかもしれない。けれども私は、お米に関しても楽観視できずにいる。記録的な冷夏でコメが大凶作となり、平成の米騒動といわれる事態に陥った一九九三年の記憶が鮮明に呼びさまされるからだ。あのときは、お米を確保するのが本当に大変だった。だから、パンデミックと軍事紛争に加え、もしもお米まで凶作になってしまったら、とますます不安になってしまうのである。

そもそも、こんな不安を感じざるをえないのは、日本の食料自給率がカロリーベースで四〇％未満とあまりにも低いからにほかならない。にもかかわらず、政府はいまだに高度経済成長期の頃から堅持してきた貿易摩擦回避のための農作物輸入自由化を推し進めている。現在では一人当たりGDPが二〇〇〇年の三位から三〇位近くまで落ち込み、自給率が低い農作物をいつまで買い続けられるか見通せない経済状況にあるにもかかわらず、である。

未知なるウイルスのパンデミック、未曽有の地政学的危機、そして歴史的円安というトリプルパンチのなかで、自分たちの胃袋の中身に収まるものの生産を海外からの調達に依存してきたツケが回ってきてしまっているのではないか。これらに加えて、もしも天候不順による凶作が発生したら、食を支えられない最悪な事態への最後の一押しになってしまうのではないか。そう思えてならないのである。

2 不覚――知らぬ間に発生している加害―被害関係

けれども、自分の胃袋がこれからも満たされ続けるかどうか不安に思うのは、満ち足りた食にありつけている者の贅沢(ぜいたく)な悩みなのかもしれない。なぜなら、世界には、私たちのような「先進」国の住民に安定した食を提供する経済システムの陰で、泣く泣く農地を手放さざるをえなかったり、プランテーションでの低賃金労働に従事せざるをえなかったりする人びとがいるからである。前者については、和食の根幹をなす大豆の海外での生産現場でみられる事態である(第四章)。後者については、バナナやコーヒー、カカオなどのプランテーション労働者の現状がよく知られるようになった。けれども、私たちの安定的な食料供給に貢献してくれているそうした人びとの食生活は安定していない。それが、安価な農作物は海外から買っておけばよい、という政策に潜む構造的な負の問題である。

ところで、そのような状況がどうして構造的な問題だといえるのだろうか?

私たちに食料を安定的に提供してくれる世界的な供給網をフードサプライチェーンというのだけれど、その中身は非常に見えにくい。生産現場で苦しみながら生きる人びとと、そうした人びとが生産してくれた食料を享受する私たちとの間には、現地の仲買や食料品を扱う商社など幾重にも張りめぐらされた流通プロセスが介在しているからである。しかも、そうしたフードサプライチェーンのなかには、供給網の終点で利益を享受する消費者の私たちが、供給網の始点で生産に従事する人びとの一部をつねに苦境に陥れてしまうという現実がたしかに存在する。つまり、私たちと生産に従事する人たちとの間には、フードサプライチェーンを介した加害–被害関係が成立しているのだ。しかもその関係性は、私たちの気づかぬところで生まれてしまっている。

このように、自分の意志に関係なく、あるシステム内での立場によって不可抗力的に自分たちの加害者性も生み出されているというのが、フードサプライチェーンにまつわる構造的な問題なのだ。

それだけではない。食料輸入のための外資を稼ぐには、工業製品を生産しないといけない。けれども、その原料を採掘する現場でも、資源採掘のために農地を収奪されたり、奴隷労働を強いられたりしている人びとがいる（第二章）。ここでもまた、工業製品の原料を調達する世界的な経済システムのなかで、知らぬ間に加害–被害関係が生み出されてしまっているのだ。

3 真相——南北格差の問題点

こうした構造の問題が生まれる背景として一般的に語られるのが、南北問題である。この見方では、経済的に豊かな国々は「先進国」と呼ばれ、経済的に苦しい国々は「途上国」と呼ばれる。そして、両者には経済的な格差があるからこそ、開発がいまだ途上である南側諸国はモノカルチャー経済に依存しなければならなくなるのだ、と説明される。けれども私は、このような一般的な南北問題の理解に違和感を覚える。なぜなら、その説明では南北問題の根幹が語られていないように思うからである。

フードサプライチェーンや工業製品の原料調達に際し発生している私たちの加害者性は、たしかにテレビ等で流されてもいる。しかしそれは、いっときの悲しむべき情報として消費され、ふだんはとくに意識の俎上（そじょう）にはのぼらず、私たちの社会が積極的に解決すべき課題にもなっていかない。

その背景には、次のような事情があるのではないか。北側諸国にとっては、経済的な格差を利用した安価な資源や食料の調達が可能な経済システムが維持されたほうが自国の経済発展につながるので、実際には都合がよい。しかも、北側諸国にとって都合のよい南北の経済力の格差は、かつての帝国主義の時代の宗主国と植民地との関係が、形を変えて現代に至るまで続いてきたという性格を隠しもつ。であるからこそ、そうした真相をあぶり出そうとすると「先進」国側の歴史責任が問われかねない。だから、南北問題が、もっぱら経済力の格差の問題に収斂され、途上国をいかに「発展」させるか、という対処療法レベルでの議論に終始してしまうのではないか。そう思えてならないのである。

だからこそ、南北格差を改善し維持可能な社会への道すじを考えようとするならば、経済のグローバル化の契機となった大航海時代以降の歴史を考察し、複雑に絡み合う問題を丁寧に解きほぐしていく必要があるのではないか。そこで重要なのが、古代ローマに代表される陸の帝国、大航海時代以降のスペイン、ポルトガル、イギリスといった海の帝国、列強帝国主義、現代帝国主義と進展してきた、とくに欧州の帝国の歴史に起原をもつ一貫した思想と、その背後にある哲学上の課題の分析なのではないか……。

本書は、不十分ながらも、こうした構造的な問題の背景について、〈農〉の営みを阻害する開発という観点から探り、維持可能な社会の阻害要因をラディカルに考察するのを第一の目的としている。

4 協治——維持可能な社会のガバナンス

加えて、本書にはもうひとつ、維持可能な社会では、どういうかたちでのガバナンス（Governance）が模索されるべきなのだろうか、という点についての考察がちりばめられている。

ガバナンスという言葉は、統治のための政治体制を意味するガバメント（Government）に代わる概念として、一九七〇年頃から注目されだした概念である。単純化していうならば、国家や自治体が上から集権的に治めようとするのがガバメントで、戦後はそうした統治のありかたがどの国でも一般的であった。けれども、そんな硬直化した行政機構による統治が高度成長の終焉とともに行き詰まりをみせ、注目されはじめたのがガバナンスである。この考え方の特徴は主に二つある。まず、行政だけが政策に関わるのではなく、地域住民をはじめ、地域の各種団体、NGO、企業など関係する多様なアクターが互いに議論したり協力したりしつつ、協働で地域の課題に対処していく協治が重要だという考え方である。次に、ガバメントのように国→都道府県→地方自治体というように上からの指揮命令系統による統治ではなく、協治を実践している〈地域コミュニティ〉を自治の基礎とし、そこで解決できないことをより大きな機関（地方自治体→都道府県→国）が担っていくという「補完性原則」を基本とした、ボトムアップ型の民主主義が重視されている点である。

ガバナンスのこの特徴を、ここまで見てきた食の問題にあてはめてみよう。自給率の低さからくる食への不安と、知らぬ間に加害者になりうるフードサプライチェーンの不公正さを一挙に改善しようとするならば、ガバナンスの一点めの特徴に即して、日本でも、生産の現場で虐(しいた)げられている人びとの暮らす国でも、まずは各自の〈地域コミュニティ〉で農作物を自給する実践が必要になってくるだろう。加えて、プランテーションの開発や農の文化の途絶によってそうした実践が難しくなっている地域では、より多様なアクターによる技術の共有、物心両面にわたる支援といった協治が重要になってくるであろう。けれども、自前で生産できない食料があれば、ガバナンスの二点めの特徴に即して、近隣の〈地域コミュニティ〉や自治体、県、国、海外と、より地理的に近いところから調達し、それでも難しい場合に遠い地域から調達するという仕組みへと供給網を編み直していく必要もあるだろう。

では、どうすればそうした方向での変革は実現できるのだろうか。不十分ながらも、この問いに資する維持可能な民主的ガバナンスのありかたについて提起するのが、本書の第二の目的となっている。

5　構成――本書で考察すること

以上、南北格差にまつわる構造的な問題の考察と、それを改善に導きうるガバナンスの考察という二つの目的をふまえた本書の構成は、三部八章からなっている。

第Ⅰ部では、まず、開発途上国において、工業製品の原材料の採掘現場（第一章）、〈農〉が立ちゆかなくなっている現場（第二章）で、人びとが陥っている苦境について概観したうえで、そのような事態が生じる背景として、大航海時代から続く帝国と植民地との関係がいまも影響しているのではないか、という視点から考察を進める。そして、こうした事態の出来（しゅったい）要因となった植民地化が正当化された背後には、哲学・思想の負の影響があったのではないかという点も浮き彫りにする（第三章）。

第Ⅱ部では、和食の根幹をなすのに海外からの輸入が八割を超えている大豆に焦点を当てて考察を進める。まず、ブラジルとモザンビークで進められた日本のＯＤＡによる大豆のための農地開発を概観し、その内実における正負の両側面を整理する（第四章）。そのうえで、モザンビークでの開発を中止に追い込んだ社会運動が農民の何を守ったのか考察し（第五章）、アントニオ・ネグリとマイケル・ハートのいう〈帝国〉の特徴を示すものとして開発計画をとらえ、プロサバンナ計画に抗（あらが）った人びとのありようが〈帝国〉の論理を変革する主体への示唆を与えているのではないか、という視点から考察を進める（第六章）。

第Ⅲ部では、Ⅰ部、Ⅱ部での考察をふまえ、いよいよ維持可能なガバナンスについて考察する。[注1]この際、本書では〈地域コミュニティ〉での実践を基盤とした、ローカル→ナショナル→リージョナル→グローバルというボトムアップ型のガバナンスが重要になってくるという立場をとる。具体的な事例としては、日本の高度成長に欠かせなかった工業の原材料のひとつである木材の輸入に焦点を当て、そこでの構造的問題をふまえつつ、以下の流れで考察を進める。まず、日本に木材を収奪されたフィリピンのある村での実践が、〈地域コミュニティ〉における ガバナンスに有益な示唆を与えているのではないかと提起する（第七章）。そして最後に、全体をまとめるかたちで、〈地域コミュニティ〉を基盤としたオルタナティブなガバナンスについての本書なりの考えを提示する（第八章）。

6　小農――そのありかたを見つめる

以上の考察において本書で注目したいのが「小農」である。これについては、少々説明が必要だろう。そこで、家族農業との対比から、その特徴を浮き彫りにしてみよう。

いま、世界は「家族農業の一〇年」（二〇一九～二八年）という国連のキャンペーンの真っ只中にある。国連によると、家族農業とは「労働力の過半を家族労働力で賄う農林漁業のこと」[注2]を指す。このような生きかたをしている人びとは、世界中で一四億人いると推計される。[注3]しかし、かれらの生きかたは、合理性を追求する経済システムによって不合理だとか時代遅れだとかいわれて否定され、先述のとおり、ときに耕してきた土地から追われるというような事態が方ぼうで起こってきた。しかし実際には、家族農業で暮らす人びとを保護し支援する政策が、世界の食糧の安定供給には欠かせない――家族農業の一〇年は、綿密な調査によるこうした観点に立つキャンペーンである。「家族農業年」（二〇一四年）の理念をより世界に広めようとして、代表国のコスタリカをはじめ日本を含む一〇四か国が提案し、国連総会において全会一致で可決されたものだ。
一方、二〇一八年に国連総会で採択された「小農の権利」条約で定義されている小農は、こうした家族農業の理念を含みつつも、さらに広範な生きかたを包摂する概念である。農林漁業関連の賃金労働者や、農村で工芸品を制作する人びと、先住民族のように自然と関わりながら狩猟・採取をして暮らす人びともまた、小農の権利が適用されると定義されているからである。(注4)
こうした小農の定義には異議を唱えたくなるかもしれない。しかし、小農を意味するPeasantは、「しっかり留める」という意味をもつラテン語に由来する言葉である。だから、働きかたや生きかたにかかわらず、自分たちの生きる大地にとどまり、自然との循環のなかで根を張った暮らしをしている人びとを包摂するのは、語源から見ると無理のない考え方だといえる。
この小農の考え方が、ここまで断りなく用いてきた〈農〉と農の違いにも関係してくる。本書で〈農〉というとき、それはPeasantが意味する、自分たちの生きる大地にとどまり、自然との循環のなかで根を張った暮らしをしている人びとの営みを意味するものとして用いる。だから、いわゆる農民にかぎらず、第一次産業従事者、農村で大地の恵みを用いて工芸品などを制作する人びと、狩猟採取して暮らす人びとの営み全体を指すものとして〈農〉を用いる。一方、農とだけいうときには、いわゆる農作業をあらわすものとして用いることにする。(注5)
ちなみに、家族農業の一〇年では共同提案国となった日本だが、小農の権利宣言の採択では反対票を投じた。おそらく、大規模な農地開発を否定的にとらえ、小農が暮らす地域で開発をする際には計画段階からの住民の議論への参画が必要といった提唱をしている小農の権利の内容が、日本が海外で行ってきた農地開発の実態と乖離(かいり)していたからではないか、と推測される（第四～五章）。

それはさておき、家族農業の従事者に加え、自営家族、農林漁業に従事する賃金労働者や先住民をも射程に入れる本書では、それらの人びとを指す語として国連の「小農」概念を用いることにする。

7　答え――なぜ、開発に翻弄される農を問題にするのか？

以上、ここまでの内容をふまえて、序章のタイトルである「なぜ、開発に翻弄される農を問題にするのか」という問いに答えるならば、それは、世界中で開発に翻弄される小農の人びとの苦境を改善することが、同時に、私たちの加害者性を取り払い、公平な関係性を築く端緒となりうるから、ということになるだろう。自然環境破壊をくいとめるには、人間と自然との共生に加えて、社会の構造的な問題による不公正な状態を改善し、人間と人間との共生を実現していくことこそが、誰もが安心して平和に暮らし、安定した食にありつける維持可能な社会を築くための前提になると思うのだ。

以上の諸点を念頭に置いたうえで、いよいよ本論での考察に移っていこう。

（注1）本書で sustainable development を維持可能と訳すのは、宮本憲一の指摘に依拠しているからである（『維持可能な社会に向かって』岩波書店、二〇〇六）。人間による開発は本来なら地球が維持できる範囲

内でなされるべきだが、持続可能な発展論では「経済の持続的発展を柱とし」、「その範囲内で、環境や社会の持続性」が論じられるという倒錯が起きている（宮本二〇〇六、六頁）。そこで宮本は、有限な地球環境を維持しうる範囲で開発するという意味で「維持可能な開発」と訳している。本書も、この見解に従って「維持可能」という訳をあてる。

（注2）関根佳恵によると、「ＳＤＧｓにおいて、家族農業は環境的持続可能性、食料保障、貧困削減の実現に貢献するとともに、表に掲げられている目標実現におけるキーアクターと位置付けられている」という（関根佳恵〔二〇一九〕「国連の『家族農業の10年』がめざすもの」、小規模・家族農業ネットワークジャパン編『国連「家族農業の10年」と小農の権利宣言』農文協ブックレット、三〇頁）。

（注3）国連世界食料保障委員会専門家ハイレベルパネル、家族農業研究会訳（二〇一四）『家族農業が世界の未来を拓く――食料保障のための小規模農業への投資』農文協。

（注4）第一条の1で小農が定義された後、この定義が適用される人びとは次のように規定されている。「伝統的または小規模な農業、栽培、畜産、牧畜、漁業、林業、狩猟、採取、または農業とかかわる工芸品づくり、農村地域におけるその他の関連する職業につくあらゆる人」（第一条2）、「土地に依拠しながら生きる先住民族およびコミュニティ、移動放牧、遊牧および半遊牧的なコミュニティ、さらに、土地は持たないが上述の営みに従事する人びと」（第一条3）、「すべての移住労働者および季節労働者を含む、プランテーション、農場、森林、養殖産業の養殖場や農業関連企業で働く、被雇用労働者」（第一条4）。

（注5）農作業にかぎらず、自然と循環しながら暮らす人びとの営為を〈農〉ととらえる理論的な研究を今後も続け、近いうちに公表するよう努めたい。

第 I 部

開発が奪ってきた〈農〉の営みと〈いのち〉

帝国主義の時代、西欧列強諸国（いまでいう先進国）が、植民地（いまでいう開発途上国）でプランテーションを開発したり、鉱山を開発したりして富をむさぼりつくした歴史があったという事実は、学校で社会科の授業を受けた私たちにとっては常識となっている。

けれども、そのような収奪の仕組みが、けっして過去のものではなく、いまでも形を変えて残っているといわれたら、しかも、私たち日本で暮らす人間にとっても深く関係しているといわれたら意外に思われるかもしれない。でも、残念ながら、そうした事実は存在している。

そこで第Ⅰ部では、いまも形を変えて残る帝国主義が環境破壊をもたらしている現実を浮き彫りにしたい。第一章では、私たちの必須アイテムであるケータイ（携帯電話）が、遠い国での〈農〉の営みや〈いのち〉を奪っている現実を帝国主義と現代奴隷制という切り口から浮き彫りにする。第二章では、カリブの島国ハイチ共和国での飢餓をもたらした背景として、穀物取引のグローバル化や帝国による過去の環境破壊があった事実を浮き彫りにする。そのなかで、コンゴやハイチの現実と日本との間には深い関わりがあるという現実も明らかにしていく。

なかなか終わりの見えない地球環境破壊と私たちの生活とに深い関係があるとわかったら、次になすべきなのは、そうした現実をひきおこす社会を成り立たせている思想にはどういう問題が潜んでいるのか、を考察したうえで、課題を解決するために私たちにできることを探求する作業であろう。そこで第三章では、社会哲学をはじめとした諸学問の力を借りながら、この作業を進めてみたい。

第一章

私たちのケータイが〈いのち〉を奪っているかもしれない？
――コンゴ民主共和国での環境破壊から考える

> 消費経済は、根源を正せば、資源の搾出、つまり大地からものを取り出すという、通常は決して目に触れない仕組みによって動いている。(注1)
>
> ケビン・ベイルズ

1　コンゴ民主共和国と私たち

「もしかしたら、あなたの使っている携帯電話（スマートフォン）が、遠い国でたくさんの〈いのち〉を奪うきっかけになっているかもしれません」といわれたら、ほとんどの方が「えっ、ホントに？」と驚かれるかもしれない。けれども、残念ながらその可能性はきわめて高い。

もし「ケータイゴリラ」という言葉をご存知なら、ピンとくるのではないだろうか。ケータイゴリラとは、アフリカ中央部に位置するコンゴ民主共和国での鉱山開発による環境破壊をなんとか止めようと、二〇〇八年から二〇一五年にかけて取り組まれていた携帯電話回収キャンペーンである。[注2] この取り組みは、携帯電話の製造に不可欠なコルタンという鉱物資源が採掘されるとき、コンゴの熱帯林が破壊され、そこで暮らすゴリラやボノボチンパンジーをはじめとした森のいのちが失われていっている現状を懸念して展開されたものだ。

ただし、鉱山開発で失われているのは、森に生息するいのちだけではない。鉱物資源が埋まっている地域で暮らす人びとのいのちもまた、同時に奪われていっている。なぜなら、鉱物資源の採掘を主に行っている武装勢力は、鉱物の露天掘りを始めるにあたって「邪魔」な存在である村を、住民もろとも根こそぎ放逐（ほうちく）していっているからである。

こうした現実に照らしてみると、私たちのもっているケータイが、遠いアフリカの地の〈いのち〉を奪うきっかけになっているかもしれない、という重大な可能性が浮き彫りになるのだ。[注3]

このような状況を前に、私たちには何かできることがあるのだろうか？

この問いについて考えるためには、コンゴでいったい何が起こっているのか、その問題の核心をつかむ必要がある。そこで2～3節では、コンゴの人びとが受けている性暴力やジェノサイドという受難の実態をまず明らかにしたい。そのうえで、いったいなぜコンゴの人びとをそのような暴力が襲っているのか、歴史的な背景をふまえつつ、現代奴隷制と帝国主義という切り口から浮き彫りにする（4～5節）。そして最後に、簡単なことではないけれども、私たちにできることは何かあるのかという問いの解について、いくつかの視点から手がかりを得るよう努めてみたい（6節）。

2　ケータイの原材料が〈いのち〉と〈農〉を破壊している?

◆女性の受難

「私はレイプされた。両親の言いつけで畑に行ったとき、男たちに襲われ押し倒されたの。服をはぎ取られ強姦された。犯人は二人組だった。一人が私を犯したあと、もう一人にも襲われたわ。そして二人は去った。傷つけられた場所は分からないけど、今でも膣のあたりにひどい痛みがあるの。」

このように痛ましい被害を語っているのは、二〇一八年度のノーベル平和賞受賞者、デニ・ムクウェゲ医師の活動を追った映画『女を修理する男』（ティリー・エミリー監督作品、二〇一五年）の冒頭で取材を受けている少女である。紛争の続くコンゴ民主共和国の東部に位置する南北ギブ州では、不法に土地を割拠し、実質上の支配を続ける武装勢力の兵士からレイプ被害を受けた女性が、その後さらに性器を傷つけられるという凄惨な事件が横行している。ギブ州にある都市ブカブでパンジ病院を設立したムクウェゲ医師は、そうした女性たちの治療に尽力してきた。

私は心ならずもこうした傷、つまりある種の武器が引き起こした性器の外傷の専門家になっていた。レイプ後の暴力行為はグループによってさまざまだった。膣に銃剣を突き入れる。棒にビニールを被せ、熱で溶かしてから挿入する。下腹部に腐食性の酸を注ぐ。性器内に銃身を差し入れて、撃つ。目的は同じ、殺すのではなく徹底的に傷つけることだ……。（ムクウェゲ二〇一九、四〇頁）

自伝でこうした悲惨な現状を語るムクウェゲ医師が、性器を傷つけられた女性を初めて診た一九九九年九月以降、コンゴ東部では多くの女性が傷つき、いのちを落としていった。

でもなぜ、コルタンの採掘を欲する武装勢力が、女性を襲い、傷つけるのだろうか？

その理由を、ムクウェゲ医師は次のように指摘する。

女性に暴力を振るうことは、必然的にその家族を痛めつけているのと同じだ。働き者で責任感の強い当地の女性は、家族がつつがなく暮らしていけるよう毎日心を砕いている。そんな女性を襲うことは家族全体を攻撃し、その安全を損なう行為なのだ。と同時に、夫を深く傷つける方法でもある。多くの男性にとって、凌辱（りょうじょく）された妻と暮らすことほど屈辱的なことはないのだから。／村々を破壊、蹂躙するのに戦車や爆撃機は必要ない。女性をレイプするだけでいい。それによって生み出されるダメージは通常の戦闘によるものに劣らない。だから民兵や一時的に形成される小規模な武装勢力が、レイプという武器を使うのだ。武器の使い手も名誉や人間性を失うことになるが、そんなことは二の次だ。何しろこの武器は、経済性にすこぶる優れているのだから。

（同右書、一五八頁）

つまり、コンゴ東部の女性の受難は、鉱物資源から暴利をむさぼりたい武装勢力が、地域を支配するためにいちばん経費のかからない方法を選択した結果として生じているのだ……！

だから、コンゴの女性にとっては、自分の家の畑さえも、安全に行き来できる場所ではなくなってしまっているのである。

◆ケータイが奪う〈いのち〉

このようにしてまで武装勢力が欲するコルタンとは、いったいどういう鉱物なのだろう？

コルタンから精製されるタンタルというレアメタルは、家電製品に必須の部品「コンデンサ」（帯電装置）の小型化に欠かせない原料である。それゆえ、いまや生活必需品となった携帯電話（スマートフォン）やPC、タブレットなどのIT機器にも使用され需要が急増している。でも、コルタンは限られた地域でしか採掘できない。だからこそ、コンゴでコルタンの争奪戦が起きてしまっているのだ。

吉田健彦は、スマホに代表されるIT機器が若い世代を中心に空気のような存在になり、その意味で環境と化していると指摘する（吉田二〇一五、一二二～一二三頁）。私たちの日常には、それくらい当たり前のようにIT機器があふれている。けれども、そんな、私たちの生活を豊かに彩ってくれるケータイの原料の一部が、コンゴの人びとの尊厳を蹂躙し、熱帯林を破壊し、それゆえに地球温暖化の要因といわれる二酸化炭素の吸収も阻害している可能性が高いのだ。その結果、コンゴの熱帯林の生物多様性が失われ、絶滅危惧種であるゴリラやボノボチンパンジーの住処（すみか）が奪われても

いる。[注4]

私がこうした事実を初めて知ったのは、恥ずかしながら、コンゴ東部の女性が被害を受けはじめてから一〇年近く経ったのちの二〇〇八年になってからだった。非常勤講師として初めて担当した授業「人間論」（東京家政大学）で環境問題を扱った回のあと、ある受講生が感想のなかで「ケータイゴリラ」という言葉を教えてくれたのがきっかけだった。それからいろいろ調べるうちに、女性や希少な霊長類の受難だけでなく、武装勢力により六〇〇万人もの尊いいのちが失われるという残酷な事実があるのも知った。武装勢力は、女性への暴力によりコミュニティの破壊を企図するだけでなく、コミュニティを、そこで暮らす人びとのいのちもろとも奪い去るという冷酷無比な暴力をも行使してきたのだ。

ちなみに、六〇〇万という数字は、ホロコーストで殺害されたユダヤ人の数に匹敵する。

◆あてにならない行政権力

こうした凄惨な状況に見舞われているのに、南北ギブ州で暮らす市民にとっては、州政府や国家権力はあまりあてにできない。たとえば、政府の命令により武装勢力を討伐に来たコンゴ軍兵士たちは、幹部のネコババによって給与の遅配・欠配が続いているため、生きる糧（かて）を現地で調達しなければならない。その結果、ミイラとりがミイラになり、コンゴ軍兵士もまた、レアメタルによりもたらされる富を求め、割拠する武装勢力の仲間入りを果たすという悪循環に陥っている。[注5] さらに、罪をあばき社会に公平さをもたらすはずの司法官僚もまた、水戸黄門で描かれているような、多額の袖の下を受け取って大商人の不正を見逃す悪代官よろしく、賄賂を受け取って性暴力加害者の罪を見逃すといった汚職に手を染めている。けれども、コンゴには代官の不正を糺してくれる水戸光圀公はいない。

こうして、不法なレアメタルの開発と地域の暴力的支配が見逃され続けた結果、暴力の連鎖が止まらなくなってしまったのだ。そして、不当な暴力にさらされた人びとは、村での生活を断念し、〈農〉を棄て、都市でスラムを形成せざるをえない状況に追い込まれているのだ。

このような状況のため、自然が豊かなはずのコンゴでは、農作物の価格が高くなってもいる。一九九一年と二〇一二年の二度にわたってカヌーと客船によるコンゴ川下りをした田中真知の興味深い紀行によると、「これだけ広い土地と豊かな水があるのに、この国は多くの農産物を南アフリカなど外国からの輸入に頼っている」。なぜなら「これまで政府はすぐに外貨収入に結びつく天然鉱物資源の輸出に依存して、農業を無視してきた」からだ（田中二〇一五、一六四頁）。

私たちの便利な暮らしを支えているレアメタルの採掘がコンゴの人びとを暴力的に〈農〉のある生活から追い立て、豊かな生態系も奪ってしまっている、という現実……。でも、コンゴの東部で暮らす人びとのいのちがいくら奪われようとも、いまのところ政府は抜本的な対策をとってくれそうにない。

3　アフリカ中央部でジェノサイドが起きた理由

ところで、世界でも最悪レベルのこうした暴力の連鎖は、なぜ始まってしまったのだろう？

ムクウェゲ医師は、コンゴ東部で暴力が横行する起点となったのが、一九九六年一〇月六日、自ら院長の任にあたっていたレメラ病院の襲撃事件だったのではないかとみている（注6）。

◆レメラ病院の襲撃

レメラ病院襲撃事件は、武器をもたない丸腰の患者や医療従事者が三〇名以上も虐殺されるという凄惨な出来事だった。この襲撃事件を起こしたのは、コンゴ東部を拠点とする反政府組織「コンゴ・ザイール解放民主勢力連合（ＡＤＦＬ）」という武装勢力であった。そして、この組織を指揮していたのは、なんと、のちにコンゴの新大統領となるローラン＝デジレ・カビラだったのである。

ところでなぜ、のちの大統領を輩出する組織により、医療機関が襲撃されるような事態が生じてしまったのだろうか。その理由を探るため、ここではコンゴの現代史を簡単に見ておこう。

コンゴは、一九六五年にクーデターを起こしたモブツ・セセ・セコが、一九九七年まで独裁政権を敷いていた。モブツは反西洋政策を採り、国名もザイールに改名した。そんなモブツが三二年ものあいだ独裁を維持できたのには、国際政治上の理由がある。

白戸圭一によると、一九七〇年代、多くの国が宗主国から独立して間もないアフリカでは、ソ連の支援を受けた社会主義革命が拡がりつつあった。西側陣営の盟主であるアメリカは、そうした動きを牽制（けんせい）するため、モブツ独裁政権を支援しアフリカ大陸における反共の砦にしようとした。同時にアメリカは、コンゴ東部で産出される鉱物の安定的な確保をもくろんでもいた。それゆえ、白戸がいうように「『反共の砦』と『資源の宝庫』。どちらにしてもコンゴの住民の意思や都合とは全く関係のない理由により、この独裁者は米国の手厚い庇護（ひご）を受け」、独裁体制を維持できたのだ。一方、「その必然的帰結として国民のための開発は放棄され」（白戸二〇一二、一四三頁）、自国の市民が極貧の暮らしを強いられるなか、モブツは巨万の富を築いていった。[注7]

ところが、一九九一年のソ連崩壊により冷戦が終わると、アメリカにとってはモブツ政権を支援する必要がなくなった。そのため「腐敗を極めたモブツ体制は冷戦の終結とともに『前時代の汚れた遺物』として扱われるようになり、米国からの資金援助は激減した」（同右書、一四三頁）。こうした経緯によるモブツ政権の弱体化を見透かしたＡＤＦＬが、一九九六年、首都キンシャサへ向けて侵攻を開始し、内戦が勃発した。レメラ病院は、ＡＤＦＬが首都を目指してコンゴ政府軍と戦う過程で、最初の攻撃目標にされてしまったのだ。そして翌一九九七年のモブツ政権崩壊後、新生コンゴの大統領にローラン＝デジレ・カビラが就任した、というわけである。[注8]

◆内戦から第一次アフリカ大戦へ

コンゴ東部の人びとの受難が始まったのには、マイケル・ムーア監督が映画『ボウリング・フォー・コロンバイン』で描いた隣国ルワンダでの大虐殺が大きく影響している。ルワンダ大虐殺は、当時政権の座にあったフツ人過激派がツチ人への虐殺を扇動し、一九九四年四月に始まり、わずか一〇〇日のあいだに一〇〇万人もの市民が虐殺された悲劇である。この悲劇を収束させたのは、北の隣国ウガンダを拠点としていたツチ人の「ルワンダ愛国戦線（RPF）」の侵攻だった。

隣国で起こったこの大虐殺事件の結果、コンゴ東部地域には難民や武装勢力が流入した。ルワンダでフツ人政府がツチ人の虐殺を展開しているあいだはツチ人市民が流入し、ゴマの難民キャンプを形成した。フツ人政府がRPFに倒されたのちは、報復を恐れたフツ人市民と、それに紛れてフツ人武装勢力もコンゴに逃れてきた。このとき、コンゴに逃れたフツ人武装勢力は、先に逃れていたツチ人の難民キャンプを攻撃したが、コンゴ政府軍は静観を決め込んだ。なぜなら、数百年前からレメラ山地に移り住み、主に牧畜を生業にしていた「バニャムレンゲ」と呼ばれるコンゴ東部のツチ人が、モブツ政権と敵対していたからである。ケビン・ベイルズによれば、このような「暴力が拡大するにつれて、近隣の国々と民族が戦闘に参加し、ツチ族を支援する者、フツ族を支援する者、モブツを支援する者、モブツを攻撃する者、単にこの地域のダイヤモンドや金、コルタンにありつこうとする者などが入り乱れた」（ベイルズ二〇一七、四〇頁）。こうした混乱を抑えられないモブツ政権の弱体化を見透かしたローラン・カビラ率いるADFLが、モブツと敵対するツチ人勢力と協力し、内戦（第一次コンゴ戦争）を引き起こしたのである。

だが、内戦を経てモブツ政権が倒れたあと、和平は一年ともたなかった。ルワンダであらたに政権の座についたツチ人が、コンゴ東部に逃避中のフツ人に報復するため、バニャムレンゲと連携してコンゴ国内に影響力を及ぼすのではないか、という疑念がローラン・カビラ新大統領の脳裏を襲ったからである。その結果、大統領はなんと、モブツ政権を倒した際のツチ人との盟約を反故にし、コンゴ東部で力を増していたフツ人武装勢力を支援しはじめたのだ。

そうした新生コンゴ政府の動きにたいし、ツチ人のバニャムレンゲは「コンゴ民主連合（CRD）」を組織して対抗したため、またしても紛争（第二次コンゴ戦争）が勃発してしまった。しかも、この紛争は近隣諸国を巻き込む「アフリカ大戦」（一九九八〜二〇〇二年）へと進展してしまう。ルワンダとウガンダは、同じ出自のツチ人からなるCRDを支援するため、一方、アンゴラ、ジンバブエ、ナミビアは新生コンゴ政府を支援するため、コンゴ国内へ部隊を派遣したからである。

こうした暴力の末、推計六〇〇万もの尊いいのちが奪われてしまった。のちに和平協定が結ばれはしたものの、武装勢力が割拠し、市民が恒常的に暴力の標的となる状況がいまだに続いているのである。

4　一〇〇年の時を経てもなお存在する奴隷制

◆コンゴ東部に巣くう奴隷制

こうした暴力の連鎖のなかで、現地調査を実施したベイルズは、コンゴ東部には少なくとも「武装グループによる強制労働、債務奴隷制、ピオネージ奴隷制、性奴隷制、強制結婚、子ども兵士の奴隷化」という六種類の奴隷制があるのがわかったと指摘する（ベイルズ二〇一七、五二頁）。

それぞれ簡単に説明してみよう。

「性奴隷制」はまさに、ムクウェゲ医師の支援しているコンゴの女性の受けた状況を指している。ベイルズは「女性にとって、奴隷制は強姦である」と強調する（同前書、五五頁）。しかも、連れ去られた女性は、武装勢力の一員と「強制結婚」させられることが往々にしてあるという。

そうした女性の受難に加え、男性を襲っているのが「武装グループによる強制労働」「債務奴隷制」「ピオネージ奴隷制」である。これらに共通するのは、きっかけは異なるけれども、いずれもすべて武装勢力が不法に管理する鉱山で、タダ同然で働かされる、という点である。

「武装グループによる強制労働」はまさに、武装グループに拉致され、鉱山に連行されて奴隷のように働かされる現状を指している。

「債務奴隷制」は、「いい働き口があるよ」という甘言を信じた男性たちが、鉱山に到着したとたん、そこまでの交通費や食事代、住居代などを不当な額で貸し付けられ、その返済のために延々と働かされるという奴隷労働である。返済とは名ばかりで、仕事のなかで課せられるペナルティと法外な利息により、返済額はどんどん増え、そこから逃れられなくなってしまうのだ。

「ピオネージ奴隷制」のピオネージとは「負債懲役制度」を意味する。これは、二〇世紀初頭のアメリカ合衆国アラバマ州で、アフリカ系の人びとが法を犯してもいないのに逮捕され、無実の罪を着せられ、不当に課された罰金を支払う代わりに農場などでタダ働きをさせられた制度のことである。現在のコンゴ東部でもまた、それと同じやりかたで無実の市民が突然捕えられ、身に覚えのない罪を言い渡され、鉱山での労働を強制される事態が頻発しているのである。さきに、コンゴ東部では暴力を働いた加害者が司直への賄賂により刑を逃れる巧妙な仕掛けがある、と記したが、司直と武装勢力とのつながりは、無実の人びとを奴隷の状態へと貶める装置にもなっているのだ。

◆コルタンの闇取引と暴力との関係

暴力が吹き荒れる以前、コルタンは、地域の人びとが生活の糧を得るのに必要な分だけ掘って売られてきた。「何年ものあいだ、収穫物が足りないときに、地元民は川や崖や地割れから鉱物を集めては換金して生活を補ってきた」（ベイルズ二〇一七、四三頁）。しかし「武装したヤクザはそれ以上を欲しがった。連中は採掘がどれほど深くなろうとも、すべての鉱物資源を手に入れたいし、手に入れようとする」（同右書、四三頁）。それゆえ武装勢力が不当に鉱山を支配してからは、地域の人びとは殺戮され、現代の奴隷とされ、そして闇取引が横行しはじめた。つまり、武装勢力が割拠して以来の鉱山の違法操業と、ベイルズのいう六種類の奴隷制とは、その始まりにおいて軌を一にしているのである。ムクウェゲ医師が指摘するように「コルタンの闇取引が横行し始めた時期が、女性への性暴力が始まった時期とちょうど重なっている」のだ（ムクウェゲ二〇一九、一五七頁）。

ちなみに、コンゴ東部のコルタンが闇取引されている事実を裏づけるデータがある。

表1を見てほしい。二〇一〇〜一四年の産出量を平均したタンタルの主要生産国の欄を見ると、一位はルワンダの三一%となっている。だが、これはおかしい。なぜなら「ルワンダにはコルタンの鉱床がほとんどない」（ベイルズ二〇一七、三四頁）からである。つまり、コンゴ東部で産出されたコルタンが、闇取引でルワンダに移送されたのちに輸出されている可能性が濃厚なのだ。そして、

表1　タンタルの主要生産国、EUの輸入先・供給先（2010〜14年平均）[注9]

	主要生産国	EUの輸入先
1位	ルワンダ（31%）	ナイジェリア（81%）
2位	コンゴ民主共和国（19%）	ルワンダ（14%）
3位	ブラジル（14%）	中国（5%）

ルワンダや第三国で精製されたタンタルが全世界に輸出され、私たちの手にしているケータイにも使われている可能性がきわめて高いのである。

ところが、そうしたコルタンの生産現場では奴隷制が横行し、働く人たちへの正当な対価が支払われていない。防塵マスクなどの装備も貧弱なため、多くの人が肺を患い、若くしていのちを落としている。ドイツ啓蒙期の哲学者カントは、他者は、その人なりの生きる目的をもったいち人格として扱われなければならず、けっして手段としてのみ扱ってはならないという、現代に生きる私たちの尊厳の裏づけとなる道徳哲学を遺した。つまりカントは、他者を手段として扱ったならば、きちんと正当な報酬を払わなければならないと述べているのだ。[注10]カントのこの道徳哲学に照らしていえば、コンゴ東部で蔓延る奴隷制に虐げられている人びとと、かれらの産出するコルタンによって便利な生活を享受している私たちとの関係は、悲しいことに、けっして道徳的なものだとはいえないのである。

◆一〇〇年前のコンゴでの奴隷制

実は、コンゴの奴隷制は、一九世紀末から二〇世紀冒頭にかけても存在した。

植民地時代のコンゴの宗主国は、ベルギーであった。その起原は、列強帝国主義の時代、他国の王たちと同じく、海外での領土獲得の野心を燃やしていたベルギー王レオポルドⅡ世が、全貌があらわになったアフリカ中央部のコンゴ盆地領有を目指した頃にまでさかのぼる。しかし、ベルギー国内の世論は、国王の動きには否定的だった。そこでレオポルドⅡ世は、国内世論をカムフラージュしつつ自らの野望を達成するため、一八七九年、コンゴ国際協会という組織を設立した。

当時、世界は列強帝国主義の時代が始まって間もない頃であった。それゆえアフリカ大陸は、列強諸国による領有の切り取り合戦の渦中にあった。そうしたなか、世界でのフランスの影響力拡大を警戒していたアメリカとイギリスは、レオポルドⅡ世のコンゴ領有を支持する側にまわる。

そうした国際的な背景を追い風に、一八八五年、レオポルドⅡ世は自ら元首となり、ベルギー本国から独立した国として「コンゴ自由国」を創建した。だがこの国は、国王の私領としての色合いが濃く、それゆえに現地の人びとが抑圧された。竹内進一が指摘するように「コンゴ自由国では、アフリカ人住民が現在利用している土地以外はすべて国有地と規定され、国有地の天然資源の利用はすべて国家が独占することとされた」からである。しかも「その上で、住民に対する人頭税としてゴムの採集が命じられたのである」（竹内一九九七、三三六頁）。そして、ムクウェゲ医師が指摘するように「ゴムがたまたまこの地域に生えていたというたったそれだけで、当地で暮らす人々は奴隷に身を落とすことになった」。しかも「割り当てられた分量を集められないと、鞭（むち）で激しく打たれるか、運が悪ければ手を切り落とされた」（ムクウェゲ二〇一九、一五五〜一五六頁）。レオポルドⅡ世は、こうした残酷な手法によって、ゴムや象牙の生産から暴利をむさぼっていったのである。

コンゴの人びとにたいするこうしたひどい仕打ちは、船積係の仕事をしていたエドモンド・モレルの『赤いゴム』（一九〇六年）によって告発された。「大金に値するゴムや象牙が欧州に運ばれてくるのに対して、コンゴへと向かう船は、武器や手錠、支配人に与える贅沢品のほかにはほとんど何も積んでいないこと」を知ったモレルは、たび重なる脅迫にもめげることなく、コンゴでの奴隷制反対運動へと身を投じていった（ベイルズ二〇一七、三三頁）。そうした傑物の活躍や、すでに多くの国で奴隷制が廃止されていた当時の時代背景も手伝って、コンゴ住民への非人道的な扱いにたいする国内外での強い非難の声があがり、さすがのレオポルドⅡ世も抗しきれなくなっていった。その結果、レオポルドⅡ世が「議会・政府の意向に従い、一九〇八年、コンゴ自由国はベルギーに併合されてベルギー領コンゴとなった」のである（坂本一九九七、三三七頁）。

一〇〇余年前のレオポルドⅡ世による奴隷制も、現在のコンゴ東部での奴隷制も、人びとが暴力によって重労働を強制されている点、それにもかかわらず、きちんとした対価が支払われず、得られた富は正当性をもたない統治者の懐に収まっている点で共通している。

5 コンゴでのジェノサイドが注目されないのはなぜか

◆問題が可視化されないサプライチェーン

ここまで見てきたように、一〇〇年余の時を隔ててもなお共通点のあるコンゴの二つの奴隷制には、もうひとつの重要な共通点がある。それは、いずれも、膨大な数の人びとのいのちの犠牲によって成り立っている、という点だ。ベイルズによると、レオポルドⅡ世のもとで奴隷として働かされたコンゴ人の犠牲は一〇〇〇万にものぼるという。それゆえベイルズは、「これは二〇世紀の忘れられたジェノサイド」（ベイルズ二〇一七、三三頁）だと指摘する。一方、武装勢力が割拠し住民への暴力が絶えないコンゴ東部では、先述のとおり、死者数がホロコーストに匹敵する六〇〇万人に達している。

それにもかかわらず、どちらのジェノサイドも世界的に注目されてはこなかった。かくいう私自身も、先述のとおり、第一次コンゴ戦争が発生してから一〇年が経ち、講義で受講生に教えてもらうまではそうした事実を知らないという、とても恥ずかしい姿勢にあった。

なぜ、このような重大な事実が、私たちの耳目にはなかなか入ってこないのだろうか？

その第一の大きな理由として、私たちが購入し使用しているケータイからは、コンゴで起こっている事態とのつながりが感じとれないという、当たり前だけれども重大な点があげられる。資源が商品になるまでのサプライチェーンのプロセスが複雑化し、ケータイを享受する終点に位置している私たちには、ケータイに姿を変える諸資源の生産現場（始点）が、まったく見えなくなっているのである。

だから、フォースを自在に扱えるジェダイでもないかぎり、農家のお顔がプリントされている野菜とは違い、奴隷のように働かされている人びとの存在をケータイから感じとるのは難しい。

◆グローバル経済における非対称関係

コンゴでのジェノサイドが見えにくい理由が、もうひとつある。それは、右のような特徴をもつサプライチェーンを制度面から支えている、グローバル化した資本主義の仕組みである。コンゴは、レオポルドⅡ世治下では象牙とゴム、現代ではコルタンなどの鉱物という、私たちが使う便利な商品の原料をもっぱら供給する立場におかれてきた。他方、そうした資源を輸入する国々は、便利なモノを生産して豊かな経済活動を行ってきた。ここには、グローバル化した資本主義経済のなかでの、経済活動の中心を占める国（中核）と、もっぱら資源の供給を担わされる地域や国（周辺）という二極化した関係がある……そう喝破したのがイマニュエル・ウォーラーステインであった。ウォーラーステインは、このようなグローバル化した経済システムを「世界＝経済」と定義した。この「世界＝経済」システムの特徴について、ここではウォーラーステインの主要な研究に依拠しつつ、本章の考察にとって重要な三点に絞り説明しよう。

第一の特徴は、先述のとおり、グローバル経済のなかでの「中核」を担う諸国と「周辺」を担わされる諸国・地域との関係がある、という点である。両者の経済格差は、中核諸国が周辺域から資源を安く調達し、富を蓄積するための前提条件となっている（ウォーラーステイン二〇〇六a、七八頁）。

第二の特徴は、経済制度として資本主義経済を採用していれば、政治体制は不問に付される、という点である。(注11) モブツの独裁のもと、統治の腐敗が進み、重大な人権侵害が方ぼうで起こっていたにもかかわらず、アメリカをはじめとした西洋諸国は、コルタンのほかにも、金・ダイヤモンド・スズ・コバルトといった鉱物資源を供給してくれるモブツ政権を支持し続けたのだった。

それだけではない。Ａ・Ａ地域の独立の機運が高まっていた一九六〇年、独立を果たしたコンゴにたいする国際社会の接し方は、そのような西欧諸国とコンゴとの関係性を先取りするものだったといえる。独立直後、コンゴでは、地方分権的な連邦制を主張する大統領のジョゼフ・カサブブと、全地域を統合した中央集権体制を主張するパトリス・ルムンバとの間で意見が対立していた。そうした政治上の混乱のなか、資源が豊富な東部カタンガ州知事のモイゼ・チョンベは、一方的に独立を宣言した。ベルギー軍まで介入してくる混乱の最中、ルムンバ首相は国際連合に援助を求めたが、国連が支援に回ったのは、なんと、資源の豊富なカタンガ州政権であった。その後、ルムンバ首相は、クーデターを起こしたモブツ大佐によりチョンベのもとに移送され、殺害されてしまう。「ベルギーと国際社会は、アフリカでもっとも傑出した指導者の一人を見殺しにしただけでなく、その後の長期にわたる混乱の種をコンゴに残したのである」（砂野一九九七、四六八頁）。

第三の特徴は、中核諸国のなかから「世界＝経済」を牛耳る覇権国家が時代ごとに出現するという点である（ウォーラーステイン二〇〇六a、一四四頁）。資本主義経済がグローバル化しはじめた一六世紀頃から、世界の覇権国は、オランダ→イギリス→アメリカとたしかに変遷してきた。独立後のコンゴが、現代の覇権国家アメリカの意向に左右されてきたのはすでに述べたとおりである。

◆帝国主義の構図

もしも、ここまで見てきた「世界＝経済」システムの存在がたしかに認められるのだとしたら、日本に暮らす私たちは、中核の側にいることになる。安い原料を供給してくれる周辺諸国の労働者のおかげで、ケータイをはじめとした多くの電子機器を使った豊かな暮らしが送れているからである。それゆえコンゴ東部で奴隷のように働かされている労働者と私たちとの間には、利害が一致しないという関係性もまた、たしかに存在している。この点の問題について考えるとき、示唆的なのが、もうひとつのノーベル賞といわれるライト・ライブリフット賞を一九八七年に受賞した平和学の大家、ヨハン・ガルトゥング（一九九一）による帝国主義の構造の定義である。

図1を見てほしい[注12]。二つの丸は、それぞれ経済関係における中心国と周辺国とを表している。ウォーラーステインの定義でいうならば、まさに中核と周辺との関係だといえる。そして、中心国と周辺国には、経済の中心を担う人びとや組織と、そうではない一般市民との間の、中心部と周辺部との関係がそれぞれにみられる。

ガルトゥングは、この図のなかで三つの関係性がみられる場合、両国は帝国主義の関係にあると指摘する。この点について、ここまで見てきたケータイをめぐる日本とコンゴとの関係から考えてみよう。

第一に、ガルトゥングは、両国の中心部には相互に利益調和の関係があるという。いわれてみれば、コンゴ国内ではコルタンから利益をあげる武装勢力、および武装勢力とつながって私腹を肥や

図1　帝国主義の構造

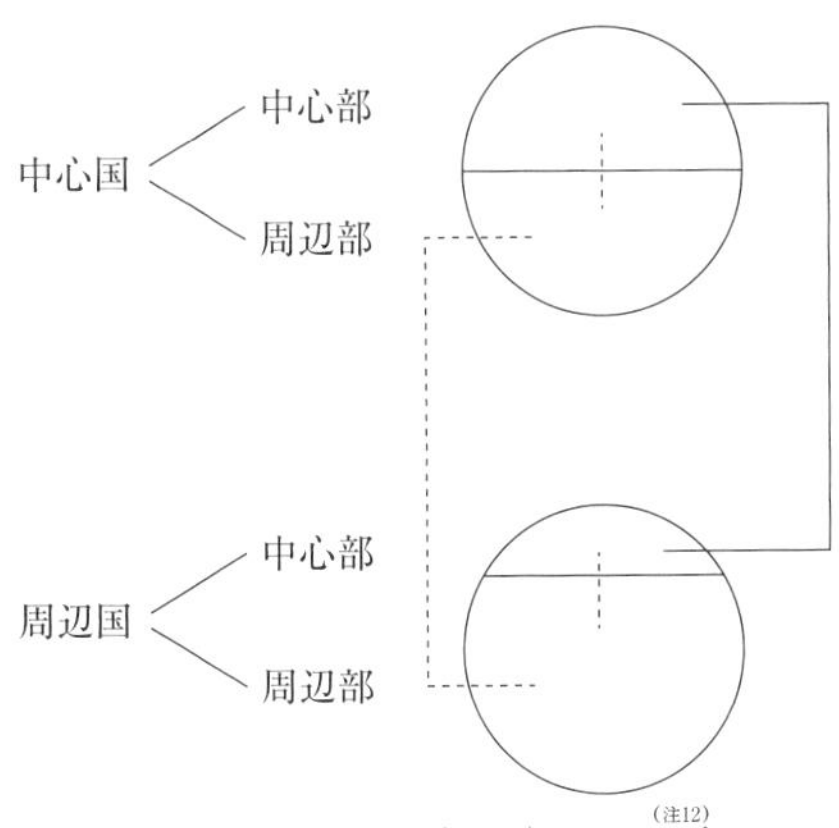

①中心国の中心部と周辺国の中心部とのあいだには、利益調和が存在する

②中心国の内部よりも周辺国の内部に、より大きな利益不調和が存在する

③中心国の周辺部と周辺国の周辺部とのあいだには、利益不調和が存在する

出典：ガルトゥング（1991）、75-76頁[注12]

している官憲が中心に位置している。日本では、コンゴ産のコルタンのおかげで安価で手に入るタンタルにより利益を上げている企業が存在する。だから、ガルトゥングのあげる第一の条件は符合している。

　第二に、ガルトゥングは、両国の周辺部相互の間には利益不調和関係があるという。たしかに、ケータイの恩恵を受ける中心国の周辺部の私たちと、その原料採掘現場で武装勢力によりいのちを狙われ、採掘労働を強制されるコンゴの周辺部の人たちとの関係は、この条件に符合している。

　第三に、ガルトゥングは、国内における中心部と周辺部との利益不調和の関係は、中心国よりも周辺国のほうがより大きいという。この第三の条件も符合している。私たちの暮らす日本では、ケータイを生産し販売してくれる中心部と、それを消費する私たち周辺部との関係は、多くの人が新型のケータイの販売を待ちわびるほどに良好である。しかしコンゴでは、武装勢力およびそれにつながる官憲と、つねに暴力に怯え、いつ奴隷労働に駆り出されてしまうかわからない状況のもとで暮らしている周辺部の人びととの間には、極度の利益不調和関係が存在するからである。

こうした帝国的な関係の結果、白戸がいうように「私たちは美しい宝飾品や身近なハイテク製品を通じて、この遠い国の紛争に、皮肉にも知らず知らずのうちに『軍資金』の一部を提供しているのである」（白戸二〇一二、一九一頁）。私たちの享受している「豊かさ」の根底には、いまも続くこうした帝国主義的な関係のなかで、意図せずに加害者となる構図がたしかにある。

個人の力ではどうしようもないように見えるこうした経済システム上の問題を前にすると、「自分一人が悩んでいたってどうしようもないではないか！」という絶望に駆られてしまいそうになる。けれども、コンゴでいまも続くジェノサイドを、同じ人間として見逃すわけにもいかない。

6 問題を改善していくために

これほどまでに絶望的なコンゴの状況であっても、考えられる改善策は意外にもけっこうある。本章の締めくくりとして、その具体策をいくつか提起してみたい。

◆自国政府への働きかけ

まず、ケータイをたくさん消費する私たち自身の国の政府に、違法鉱物を取り締まる法をつくってほしいと働きかける活動は有効である。たとえばアメリカは、オバマ政権時に違法鉱物の使用を禁ずる「ドット・フランク法」を制定した。それゆえコンゴは否応なく対応を迫られた。その結果、一部の地域では、武装勢力による鉱山支配が終わり、公社が操業できるまでに状況が改善された。このように、中核諸国の政府が、周辺国の資源の採掘に違法な実態があると明確に指摘すれば、周辺国の政府も重い腰をあげざるをえなくなる。ジェフリー・ケルトマンによると、実際、コルタンの違法操業による武装勢力の利益は、このとき六五％も低下したのだという（ゲルトマン二〇一三、八一頁）。

こうした事実に照らすと、中核国に暮らす私たちが自国政府へ働きかける動きは、太い利害関係でつながっている中心国の中心と周辺国の中心との間に楔（くさび）を打ち込む効果がある、といえそうだ。

◆問題意識の高い企業の応援

けれども、そうした活動にも限界があるため、違法鉱物の採掘による暴力は続いてしまう。ゲルトマンによれば、コンゴの金の採掘現場はまだほとんどが武装勢力の支配下にある（ゲルトマン二〇一三、八四頁）。そこで注目したいのが、ベイルズの紹介している、電子機器を製造する多国籍企業が自ら率先して違法鉱物を使わないようにしようとする取り組みである。

この取り組みは、「電子機器業界行動規範（ＥＩＣＣ）」と「グローバルeサスティナビリティイニシアティブ（ＧｅＳＩ）」との共同事業でつくられた「採掘物分科会」に加盟している大企業によって行われている。その結果、サプライチェーンにおける紛争鉱物の扱われ方を査察するイナフ・

プロジェクトの調査報告書によると、六〇点で一位のインテルを筆頭に、企業の取り組みの成果がみられたという。ケータイでいえば、アップルが三八点と比較的よいほうの成績だったという。残念ながら、日本の世界的なゲーム機製造企業は〇点であった（ベイルズ二〇一七、九三頁）。どうやら一部の日本企業の腰は重いらしく、それゆえに、報道機関もそんなクライアントに忖度し、コンゴの問題を積極的に報じないのかもしれない（注13）。

吉田健彦が指摘したように、ケータイはもはや私たちの環境と化しているのだった。しかも、ケータイはいまや世界中の人びとが使うようになっている。それはコンゴの人びとも同じだ。田中真知は、この点に関するコンゴでのある興味深い変化を書き記している。

川を下る蒸気船（オナトラ）は、川に点在する町や村と都市とをあらゆる産品でつなぐ一種の市場になっているため、乗船しているバイヤーに生産物を売りたい沿岸の人びとにとっては、いつ自分の村の横を蒸気船が通るかという情報はとても重要だ。田中によると、蒸気船通過の情報は、一九九一年当時はドラムの音頭の中継プレーによって近隣に知らされていたという。

少し大きめの村には、どこでも大木の幹をくりぬいてつくったモコトとよばれるタイコがある。これはいわゆるトーキング・ドラムであり、ザイール河流域の村々にとってなくてはならない重要な通信手段なのだ。／空がよく晴れていれば、モコトをつかって約二〇キロ離れた村と話ができるという。そのドラム言語は、話し言葉に劣らないほど複雑なものらしい。しかも驚いたことに、かなり小さな子どもまでがその言語をふつうに理解する。／そんなわけで村人たちは、オナトラがいま、どのあたりを通行中か、モコトによってリアルタイムで把握しているのである。

（田中二〇一五、五五〜五六頁）


だが、二〇一二年に再度コンゴ川を下った際には、オナトラの通過を知らせるドラムの音頭も聞こえてはいたものの、中心的な伝達手段はケータイになっていたという。それほどまでに、ケータイを使った生活はコンゴの人びとの間にも広がっている。だからもう、ケータイのグローバルな消費そのものは止められそうにない。そうであるなら、消費者として、違法鉱物の問題に取り組んでいる企業のケータイを世界中の人びとが購入すれば、腰の重い企業であっても、本腰を入れて違法鉱物への対策をとってくれるかもしれない。このようないわゆる「エシカル消費」は、生産の現場を変える可能性を秘めている。ＳＤＧｓが世界的な目標となっている現在、人権への配慮をしない企業は厳しい世論にさらされるようになってきているのだから。

◆現地の民主化運動の支援

しかし、国家間の取り決めや企業の取り組みが進んでいったとしても、その効果は、実際にはまだまだ限定的である。現に、コンゴでの暴力の連鎖は、いまだ止む気配がない。そこで大事になってくるのが、現地で民主化を願い活動している個人や組織への支援である。

コンゴの人たちは、暴力に屈してずっと黙っていたわけではない。その象徴的な存在がムクウェゲ医師だといえるだろう。コンゴ政府からあからさまな圧力を受け、何者かから銃撃を受けたにもかかわらず、ムクウェゲ医師の闘志が収まる気配はない。

民主化を望んでがんばっているのは、ムクウェゲ医師のように、個人で闘う人士だけではない。映画『女を修理する男』では、いちばんの被害を受け続けた現地の女性たちが自ら立ち上がり、公権力を与る検事や軍の高官に物申す姿が映っている。その会場では、賄賂をもらって罪を見逃しているのではないかと噂され、「ミスター一〇〇ドル」と陰で呼ばれてきた検事が追及される模様も映っている。また、ムクウェゲ医師をサポートすべく設立された「イジウイ女性協会」の会合では、女性たちが活動の様子を誇らしく報告する姿が映っている。

「以前の女性は尊重されず、権利も軽視されていた。公の場所で意見も言えなかったわ。でも今は男と同じように発言し始めたし、特定の権利は認められている。」

遠く離れてはいても、私たちには、そのように勇気を出して声をあげ、不正を糺し人びとの尊厳を守ろうとする個人や組織を支援することができる。(注14)

◆リサイクル

もうひとつ、私たちにできることがある。それは、捨てられる運命にあるケータイの回収率を上げ、鉱物のリサイクルを促進する取り組みである。使用済みのケータイから鉱物を取り出す活動は、これまでも「都市鉱山」として注目されてきた。ただし、この取り組みには課題もある。金のように原価が高い鉱物以外は高くつくため、採算があわず、なかなか実現できていないのだ。

でも、コンゴの人たちにきちんと対価を支払えば、タンタルの原価はおのずと何倍にも跳ね上がるわけだから、リサイクルしても採算がとれるようになっていくかもしれない。それまでのあいだ、私たちには、採算がとれるよう努力している研究を支援することもできる。

このように、私たちにできそうなことは意外とたくさんある。そうした取り組みが続けば、少しずつ問題が改善され、近い将来、〈農〉のある生活を捨てざるをえなかったコンゴの人たちが、暴力に怯えることなく、故郷に戻って土を耕せる日がやってくるかもしれない。

だから、なにも悲観ばかりしている必要はない。『スターウォーズ』エピソード5「帝国の逆襲」のなかで、沼のなかに沈んだXウイング（反乱軍の戦闘機）をフォースによって浮き上がらせる訓練中、弱音を吐いたルーク・スカイウォーカーにたいし、マスター・ヨーダが放った言葉である「やるか、やらぬか」が、鉱物資源の問題においても、私たち一人ひとりに問われているのだ。

【注】

（注1）ベイルズ二〇一七、一二一頁。

（注2）ケータイゴリラのWeb サイト http://keitai-gorilla.aseed.org/about/connection/index.html。

（注3）人間は、工業にせよ農業にせよ、自然からもたらされる資源がなければ何も生産できず、生きてはゆけない。とくに〈農〉の場合は、良好な自然環境との循環のなかで営まれなければ、維持可能なかたちで継続していくのが難しい。そこで本書では、自然環境のなかに存在する、人間をも含めたいのち全般を表す際には〈いのち〉と山型カギ括弧をつけ、個別の生命を意味する場合はいのちと表記する。

（注4）ベイルズによると、熱帯林の木材も武装勢力の資金源とされている。「コンゴでは、武装したチンピラ

が人々を奴隷にし、森林を略奪しているところを見てきた。この国についての試算によると、森林消失は深刻で、二〇五〇年までに二酸化炭素排出量は三四四億トンになると推計されている」（ベイルズ二〇一七、一六五頁）。

（注5）「さて、今度は政府が州兵を送ってヤクザと渡り合おうとしたとしよう。すると、州兵はそこを自分たちの領地と決め込んで居座り、別のヤクザになり下がる。これがコンゴ東部の現状である」（同右書、四二頁）。

（注6）ムクウェゲ医師は、レメラ病院で産科の医師として働いていた。ムクウェゲ医師が産科医を目指したのは、医師として最初に派遣された地域で、行き届いた産科医療があれば助かるはずの赤ちゃんのいのちがたくさん失われている現実を目の当たりにしたからであった。パンジ病院も、本来は妊産婦のケアのために建てられたのだけれども、性暴力の激化に伴い、性暴力被害者の治療と支援という目的へとシフトしていったのである。ムクウェゲ医師がレメラ病院襲撃事件の難を逃れたのは、偶然にも、コンゴでは治せない病気に罹ったベルギー人医師を空港まで送り届けるため、病院を離れていたからであった。

（注7）ムクウェゲ医師によると、モブツ・セセ・セコがためこんだ個人資産は、総額で四〇兆ドルにものぼるという（ムクウェゲ二〇一九、三三三頁）。

（注8）以上、モブツ独裁政権崩壊と新政権誕生の説明に際し参照した白戸の著書（二〇一二）の該当箇所は、一四二〜一四四頁。

（注9）ギョーム・ピトロン（二〇二〇）の巻末資料（二一一頁）をもとに作成した。

（注10）該当するカントの定言命法の第二原則は、以下のとおり。「君自身の人格ならびに他のすべての人の人格に例外なく存するところの人間性を、いつでもまたいかなる場合にも同時に目的として使用し決して単なる手段として使用してはならない」（カント一九六〇、一〇三頁）。

（注11）「〜前略〜世界システムでは、全空間（ないしほとんどの空間）を覆う単一の政治システムが欠落して

いる。~中略~これこそ、資本主義という名の経済組織が有する政治面での特性にほかならない。『世界経済』がその内部に単一のではなく、多数の政治システムを含んでいたからこそ、資本主義は繁栄しえたのである」(ウォーラーステイン二〇〇六b、二八〇頁)。

(注12)図1の出典は、ヨハン・ガルトゥング一九九一、七五~七六頁。

(注13)タイガー魔法瓶株式会社のように違法鉱物対策を積極的に実施している企業もある。詳細は「タイガー魔法瓶株式会社の紛争鉱物問題に対する取り組み方針」(二〇一九年二月二八日改定)を参照。

(注14)ベイルズの著書(二〇一七)であげられている本章に関係する主な支援先は、以下のとおり。

パンジ病院　http://www.panzihospital.org/about/support-panzi-hospital

フリー・ザ・スレイブス　https://www.freetheslaves.net/donate/

イナフ　https://ssll.americanprogress.org/o/507/donate_page/support-enogh

【参考文献】

坂本進一(一九九七)「4——『善意』の帰結〈ベルギー領コンゴ〉」、宮本正興・松田素二編著『新書アフリカ史』「第一一章　植民地支配の方程式」講談社現代新書

白戸圭一(二〇一二)『ルポ資源大陸アフリカ——暴力が結ぶ貧困と繁栄』朝日文庫

砂野幸稔(一九九七)「3——独立とアフリカ合衆国の夢」、宮本正興・松田素二編著『新書アフリカ史』「第一四章　パン・アフリカニズムとナショナリズム」講談社現代新書

竹内進一(一九九七)「4——『善意』の帰結〈ベルギー領コンゴ〉」、宮本正興・松田素二編著『新書アフリカ史』「第一一章　植民地支配の方程式」講談社現代新書

田中真知(二〇一五)『たまたまザイールまたコンゴ』偕成社

吉田健彦(二〇一五)「環境化する情報技術とビット化する人間」、上柿崇英・尾関周二編『環境哲学と人間学

の架橋』第五章、世織書房
K・ベイルズ（二〇一七）『環境破壊と現代奴隷制――血塗られた大地に隠された真実』大和田英子訳、凱風社
J・ガルトゥング（一九九一）『構造的暴力と平和』高柳先男・塩谷保・酒井由美子訳、中央大学出版部
J・ゲルトマン（文）・マーカス・ブリーズテール（写真）「暴力が支配するコンゴの鉱山」『ナショナルジオグラフィック』二〇一三年一〇月号、日経ナショナルジオグラフィック社
I・カント（一九六〇）『道徳形而上学原論』篠田英雄訳、岩波文庫
D・ムクウェゲ（二〇一九）『すべては救済のために デニ・ムクウェゲ自伝』加藤かおり訳、あすなろ書房
G・ピトロン（二〇二〇）『レアメタルの地政学――資源ナショナリズムのゆくえ』児玉しおり訳、原書房
I・ウォーラーステイン（二〇〇六a）『入門 世界システム分析』山下範久訳、藤原書店
I・ウォーラーステイン（二〇〇六b）『近代世界システムⅡ 農業資本主義と「ヨーロッパ世界経済」の成立』川北稔訳、岩波書店

第二章

いつもどこかで飢餓が起きているのはなぜか？
——ハイチ共和国の歴史から考える

不公正な法よりも悪いのは、法の不在である。不公正な法は修復可能な無秩序だが、法の不在は専制の支配であり、そこでは、何でも誰にも起こりうる。(注1)

アルベール・メンミ

1　ハイチ共和国を襲った現代帝国主義の作用

第一章では、ケータイの生産に欠かせないタンタルをめぐり、私たちとコンゴの人たちとの間で構造的暴力が発生していて、それゆえに日本とコンゴ民主共和国との間には帝国主義の関係がいまもあるのではないか、という点を明らかにした。

けれども、よくよく考えてみると、この言及は一面的である。三六ページの表1をよく見ると、

ＥＵもコルタンの鉱床がほとんどないはずのルワンダからタンタルを輸入しているのがわかる。また、イナフ・プロジェクトによる多国籍企業の評価も、一位の企業でさえ一〇〇点からはほど遠い。つまり、コンゴのレアメタルから利益を得ている国や企業は世界中にたくさん存在するのだ。この点を勘案すると、宗主国と植民地とのブロック経済が敷かれていた一九世紀末～二〇世紀半ばの帝国主義とは違い、現代の帝国主義の特徴は、中核諸国の連合体が周辺国の安価な資源から利益を得るというありかたでのグローバルな経済構造にあるらしい、ということがわかってくる。

現代の帝国主義には、このような仕組みがあると同時に、それとは逆のベクトル、すなわち、中核諸国の連合体が安価な製品を周辺国に売りつけることで利益を得る、という特徴もある。この逆ベクトルの構造は、一九世紀のイギリスとインドとの関係を思い出すと理解しやすい。インドは一九世紀の前半まで綿織物の一大生産地であった。しかし、産業革命による技術革新を遂げ、価格競争で勝るようになったイギリスの綿織物が輸入されるようになると、インドの市場はたちまちイギリス産のもので占められるようになり、インドの綿織物産業は壊滅的な打撃を受けた。つまり、中核国のひとつであるイギリスが、価格競争で勝る綿織物を輸出することでインド内部に自国製の綿織物の寡占状態をつくり出し、優先的に利益を得ていくうちに、インド内部の関連産業が破壊されていくというプロセスをたどったのだ。この事例の場合は、一対一の国同士の関係だけれども、本章で見ていくハイチ共和国の事例のように、現代帝国主義のなかでも、この逆ベクトルのような構造が、複数の中核諸国・対・ひとつの周辺国という図式によって成り立っている。

ここで強調したいのは、こうした現代帝国主義の逆ベクトルによる利益の偏在が、人間が自らのいのちを維持するのに欠かせない農作物をめぐっても生じている点である。なぜなら、開発途上国の飢餓の多くが、この逆ベクトルの構造のせいで起こっているからである。

では、いったいなぜ、そういう問題をはらむ構造がなかなか改善されないのだろうか？

この疑問を念頭に、本章では、カリブの島国ハイチ共和国に焦点を当てて考察を進める。

世界を同時食糧危機が襲った二〇〇八年、ハイチ共和国は窮地に陥った。その背景には、いま述べた現代の帝国主義における逆ベクトルの仕組みがあった。そこで2〜4節では、まずこの点についてハイチの歴史と現在の状況から明らかにしていく。そのうえで5節では、ハイチの現在の苦境が、帝国によって支配された五〇〇年の歴史に遠因がある点も浮き彫りにしたい。そして最後に、ハイチのケースでも私たちにできることはあるのかどうか、6節で考えていくことにしたい。

2　ハイチを襲った世界同時食糧危機

◆なぜ泥クッキーを食べざるをえない状況になったのか？

世界の最貧国のひとつといわれるハイチ共和国を、二〇二一年八月一四日に大地震が襲ったのは記憶に新しい。それからさかのぼること一一年前の二〇一〇年一月一二日にも、ハイチはマグニチュード七・〇の大地震に襲われ、二〇万人以上の死者を出した。このときの大震災に先立つ二〇〇八年に発生した世界同時食糧危機の際には、高騰するコメを市場で買えなくなってしまったハイチの人びとが、小麦に泥を三分の一程度まぜて作った泥クッキーを食すショッキングな姿が報道された。泥クッキーは、アフリカからサント＝ドミンゴ（ハイチのかつての地名）に奴隷として連れてこられた人たちが、故郷を忘れまいとして生み出した信仰ヴードゥー教において、妊婦が迷信的に食すものであり、日常食ではなかった。けれども世界同時食糧危機は、ハイチの低所得層の人びとをそうした食べ物でなんとか食いつながなければならない状況へと追いつめたのだ。

それにしても、世界同時食糧危機が発生して以降、なぜ、泥クッキーを常食にせざるをえない人びとがみられるようになったのだろうか？　まずはその歴史的背景からおさえておこう。

ハイチでは、一九五七年から一九八六年まで、フランソワ・デュバリエ（パパ・ドック）とその息子のジャン・クロード・デュバリエ（ベビー・ドック）父子による独裁政権下にあった。この頃はコメの自給率は一〇〇％を達成していた。しかし、コメの生産量自体はそれほど多くはなく、独裁政権誕生直後の一九六〇年には三万三〇〇〇トン、それ以降のピークは一九八四年の一〇万トンである。(注2)世界同時食糧危機発生前年の二〇〇七年の国内消費量が四〇万トンだったのと比較すると、独裁時代のコメの生産量の少なさがわかる。(注3)ハイチの食卓にはキャッサバなどのイモ類も主食としてのぼっていたので、生産量が少なくてもコメの自給率一〇〇％を維持しえたのである。

ハイチでコメの消費量が増加しはじめたのは、一九八五年に起こった反政府運動に抗しきれず、翌年ベビー・ドックが国外へ逃亡し、民主化によりコメが輸入されるようになってからである。その結果、世界同時食糧危機発生までの二〇年ほどのあいだに人びとの嗜好（しこう）が変わり、コメが主食として高い地位を得るようになっていったわけである。だが、あとで見る理由によりコメの国内生産

図２　米価格の推移（1980〜2021年）

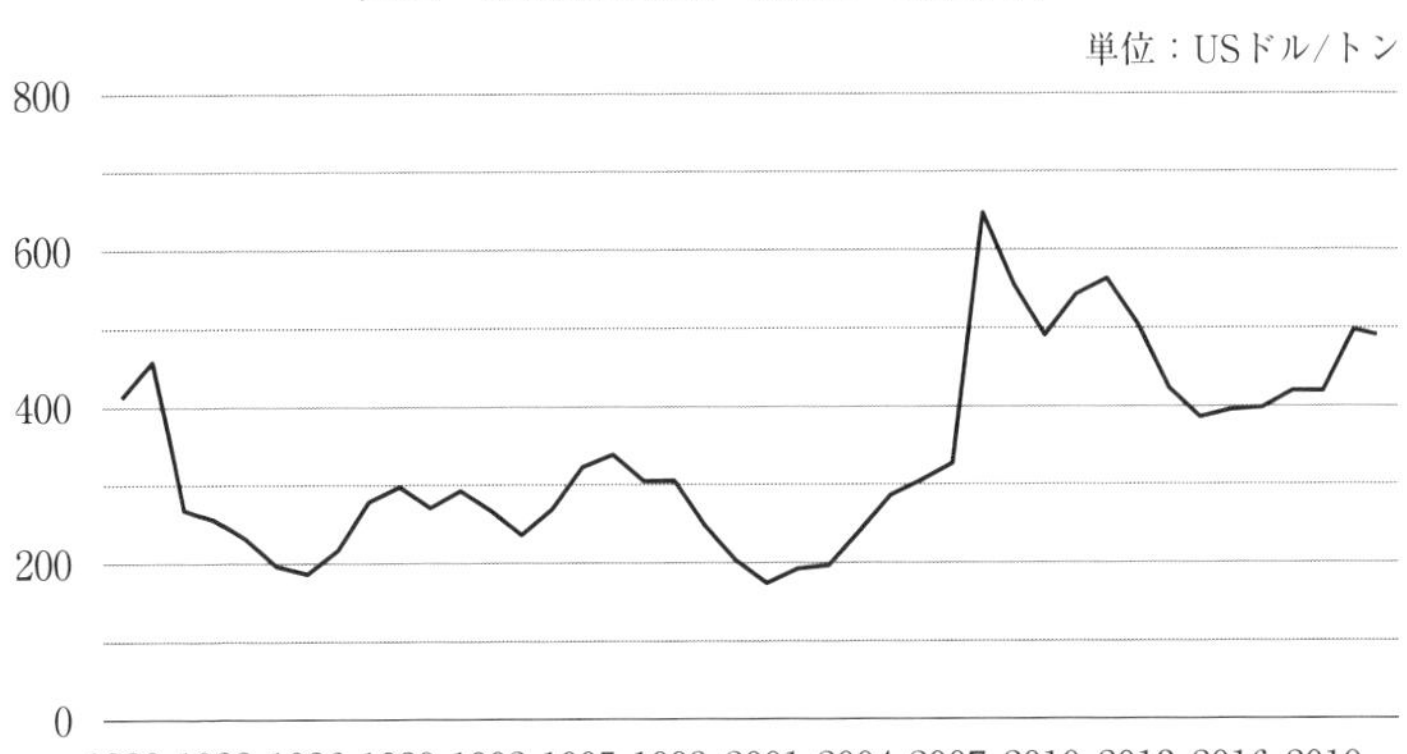

量は伸び悩み、生産高が一九八四年の一〇万トンに届く年はなく、世界同時食糧危機前の二〇〇〇年代は六〜七万トン台で推移していた。[注4] つまり、コメの自給率が一〇％台まで落ち込み、国内消費の大半を輸入に頼っているところへ、コメの価格を高騰させる世界同時食糧危機が襲ってきたわけである。それゆえ、ハイチで泥クッキーを食べざるをえない人びとが生じた理由を端的にいえば、世界中で不足し価格が高騰したコメを購入するだけの経済力が低所得層の人びとになかったからにほかならない。

世界におけるコメ価格の推移を示した図２のグラフ[注5]を見てほしい。二〇〇七年には一トン当たり三二六・四三ドルだったコメの価格が、食糧危機発生の翌年には六五〇・一九ドルに急騰している。たった一年でコメの価格が倍になったのだ。しかしハイチの人びとの日々の収入がいきなり倍になったりはしない。そのため、ハイチでは低所得層を中心に、それまでの頻度でコメを買えなくなり、泥クッキーを口にせざるをえない状況に追い込まれたのである。

◆飢餓の生じる背景

かつて貧困研究でノーベル経済学賞を受賞し、国連におけるSDGs策定の議論でも中心的な役割を果たしたアマルティア・センによれば、「人は、十分な食料を手に入れる能力がないか、飢餓を避けるためにこの能力を用いないかのどちらかの理由で飢える」（セン二〇〇〇、七一頁）。

食料を手に入れる能力があるのにそれを行使しないという選択は、即身仏（そくしんぶつ）になろうとでもしないかぎり通常ありえない。ハイチの人びとの状況が教えてくれているように、飢餓が起きるのは、往々にして人びとが食料を手に入れるだけの能力をもっていないからである。この、生きていくための食料を手に入れる能力のことを、センは「交換権原」と定義した。(注6) そして、飢餓の多くが、食料総供給量の減少が原因ではなくて、食料の偏在による価格の高騰によって生じてきた事実を明らかにしたうえで、この交換権原を誰もがもてるようにする政策こそ、貧困からくる飢餓の撲滅につながると提起し、ノーベル経済学賞を受賞したのである。

センのこの考え方に照らすと、ハイチの人びとが泥クッキーを食べざるをえない状況に追い込まれたのは、かれらが、高騰したコメを入手するための交換権原を剝奪された状態にあったからだといえる。それまでハイチの人びとのところへ回ってきていたコメは、値段が高くてもそれを購入するだけの交換権原がある人びとのところへ流れていってしまったのだ。センが「必要なのは、食料総供給量を保証することではなく、食料権原を保証することなのである」（セン二〇〇〇、一八九頁）

というとおり、交換権原をもたない人びとへの食料の流通が滞る事態こそが、人災としての飢餓の本質なのである。実際、二〇〇八年の世界同時食糧危機は大幅な穀物不足によるものではなく、需給実態からは説明できない価格の高騰が原因だったという鈴木宣弘の指摘もある。(注7)

3 ハイチのコメ農家の受難

◆ハイチのコメ自給率が上がらない理由

民主化後、外国産米が輸入されるようになったハイチでは、その後のプロセスに潜む大きな問題によりコメ自給率の上昇が阻まれてきた。ここでは、その経緯についておさえておこう。

デュバリエ父子および、かれらと利権をともにしたエリート階層が私腹を肥やし、国民のための開発が後回しにされてきた独裁の後遺症は大きく、ハイチ共和国の経済は民主化後もなかなか好転しなかった。そのため、ハイチ共和国の財政はつねに、国際的な支援によって下支えされていた。

経済への不安から政情も不安定で、一九九一年には、選挙で選ばれたアリスティド大統領がクーデターにより就任後わずか数か月で国外に追放されてしまう。けれどもその後、国連部隊による圧力にハイチ軍事政権が抵抗しなかったため、アリスティド大統領は一九九四年一〇月に復職した。

このとき、アリスティド大統領は、国際経済機関である国際通貨基金（ＩＭＦ）から、復帰の支援と引き換えに構造調整プログラムを受け入れるよう要求された。構造調整プログラムとは、資源を効率的に配分し経済成長を促すには、あらゆる公的な規制を緩和・撤廃し、経済活動を市場での調整に委ねるべきだと主張する新自由主義（Neo-liberalism）思想にもとづく政策の一環で、公共事業の民営化や市場の開放・自由化が要請される内容となっている。[注8] ただし、国際経済機関からの要請という表現は実態を見えなくする。なぜなら、ＩＭＦや世界銀行が、累積債務のある途上国にたいし、支援と引き換えに条件とする「均衡財政、市場原理重視、投資・貿易の自由化、民営化、規制緩和」[注9] といった原則は、アメリカ政財界の要請にもとづいており、それゆえにＩＭＦ、世界銀行、アメリカ政府の三者の共通所在地に由来する「ワシントン・コンセンサス」という名で知られるものだからである。

そうした背景から成り立つ「『構造調整プログラム』の最大の標的は、債務国の農業部門だった。債務国は自国の農業を効率的な大量生産型農業に構造変革することで、余剰農産物を輸出できるようになり、その収益で債務を返済する。これが世銀とＩＭＦが債務再編の対価として求めた条件だった」（ロバーツ二〇一二、二三四頁）。こうした真の目的をもつ構造調整プログラムは、途上国の実情が調査されないまま一方的に押し付けられる傾向にあるため、現場ではあらゆる弊害が生じていると元世界銀行上級副総裁でノーベル経済学賞受賞者のジョセフ・スティグリッツは指摘する（スティグリッツ二〇〇二、四六頁）。たとえば、このプログラムを受け入れた南アフリカでは、水道公社の運営方法が変えられたとたん、水道料金が高くなったにもかかわらず、インフラ整備が遅れ安全な水が手に入らなくなり、多くの人命が失われる事態に陥った。[注10] そうした弊害があるにもかかわらず、狐崎知己によれば「国家予算の7割から9割を国際融資に依存するハイチにとって、構造調整

図3　ハイチ共和国

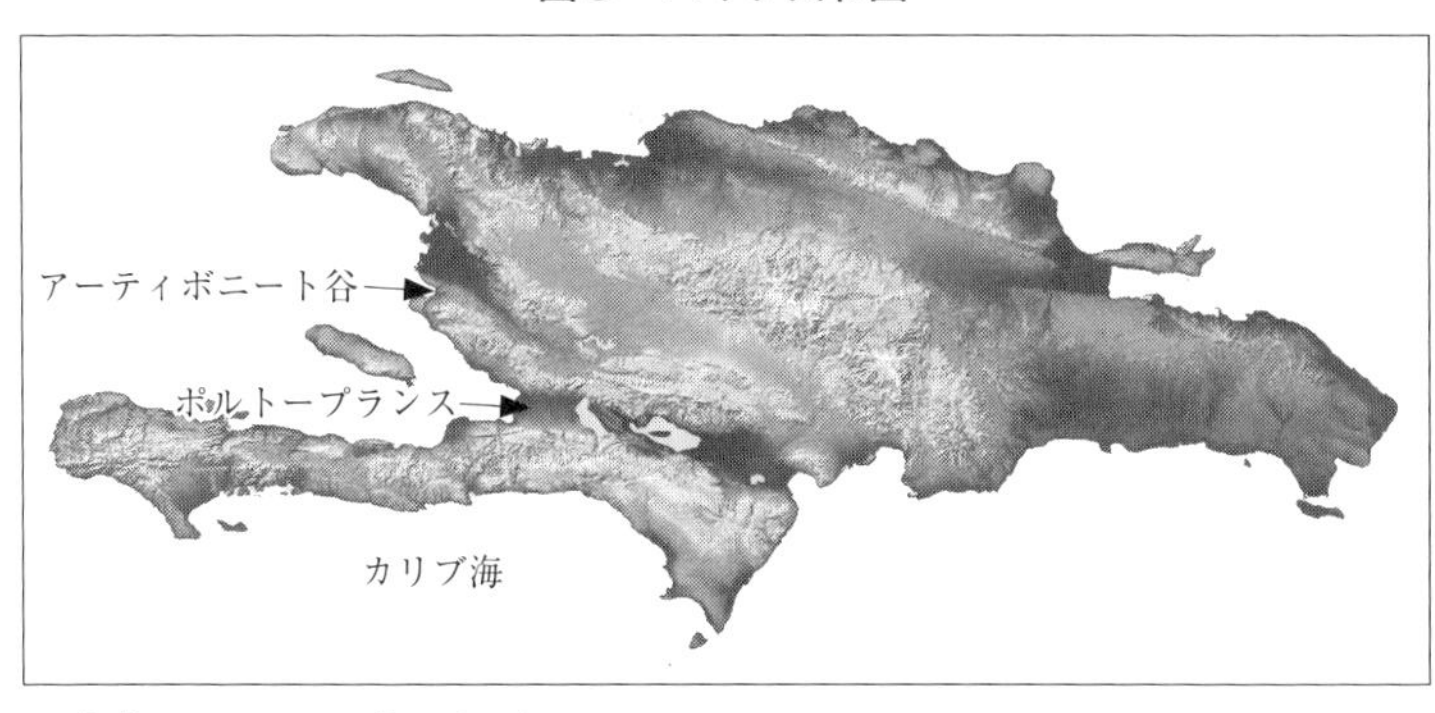

出典：Wikipedia「ハイチ」

の条件に関する交渉力はなかった」（狐崎二〇一六、三七頁）。それゆえハイチは、ＩＭＦからの要請を受け入れ、一九九五年にコメの関税を三五％から三％へと引き下げざるをえなかった。

◆故郷を追われる小農たち

以下の引用は、関税が引き下げられて以降アメリカ産の安いコメがどっと流入してきた当時、ハイチの米作農がおかれていた状況を示す貴重なルポである。

フィリペ・ミシェルは、ハイチのアーティボニート谷にある精米所で働いている。そこは、貧しい農民たちが米を市場に運ぶ前に精米できるようにと建てられたものである。だが、首都ポルトープランスの市場に安い輸入米が溢れるようになると、バイヤーはハイチ米を求めてわざわざアーティボニートまで足を運ばなくなった。

何十年もの間、米はアーティボニートの何万人もの農民の生活手段、収入源であった。今では、この谷の農民は土地を売って、外へ出て行く。ポルトープランスのスラムへ、仕事を求めてドミニカ共和国へ、あるいは命がけで米国へ不法侵入しようとする。フィリペの友人といとこは、そうやって命を落とした。

アーティボニートの運命を変えたのは何か。それはもちろん、貿易のルールである。

歴代のハイチ政府は、輸入食品に対する規制の解除を余儀なくされた。それは、安価な輸入米の氾濫を招いたが、輸入米の多くは米国からであった。米国では農業耕作者が年間五〇億ドルにのぼる助成を受けている。

ハイチの農民は、全く太刀打ちできない。彼らへの助成はＷＴＯによって上限を定められているのである。

アーティボニートの農民フェノル・レオンは言う。「安い米の輸入から保護されない限り、俺たちに将来はない。みんな、もうおしまいだ。」

「世界開発運動」のキャンペーンの責任者ビバリー・ダックワースは言う。「国際貿易のルールは、各国が食料安全保障を推進し、不公正に助成された食糧の輸入から貧しい農民を保護することを認めなければならない。」（シーブルック二〇〇五、九七～九八頁）

国際的な財政支援の見返りとして受け入れたコメの関税の緩和により、安価な米国産米がハイチの市場にあふれていけばいくほど、ハイチ国内の米作農は、売れないコメを作り続けるか、棄農して都市のスラムに向かうか、亡命するかを迫られる事態に陥っていったのだ。ポール・ロバーツがいうように、「外国の農業生産者と競争できない自国の農家が市場から閉め出され始めた時、開発途上国政府は自分たちが今後ますます輸入食料に頼らなければならなくなっていくことに気付いた。そして、それは彼らから食料自給の志を奪っていった」（ロバーツ二〇一二、二三五頁）。そういう状況のなかで世界同時食糧危機が起き、輸入米の価格が高騰し、一部で飢餓が発生しても、ハイチの米作農たちにはもう、国内のコメ市場を下支えするだけの余力はなかったのである。

二〇〇八年の世界同時食糧危機の際は、ハイチ以外にも、財政支援と引き換えにワシントン・コンセンサスにもとづく構造調整プログラムを受け入れざるえなかった国々で飢餓が発生し、一部で暴動も起こった。鈴木がいうように、「アメリカが農作物の自由貿易を推進し、諸外国の関税を下げさせてきたことによって、今では穀物生産を自国でまかなえず、穀物を輸入に頼る国が増えてきたという構造的問題」（鈴木二〇一三、一二三頁）が浮き彫りになったのである。

4 ハイチの小農が追いつめられた背景①——現代の帝国主義

公平な交易を促進し、途上国の人びとの生活水準の向上を企図すべき国際経済機関が、なぜ立場の強い側の要求を優先し、経済支援と引き換えに開発途上国の人びとを苦しめてしまう政策の導入を迫ったりするのだろうか。実は、ここにもまた、現代の帝国主義の影が潜んでいる。

◆現代帝国主義の第一期

デヴィッド・ハーヴェイは、経済力をもつ国が国際経済機関を使ってまで非対称な交易ルールを結び、自己の利益を増大させる背景には、第二次世界大戦後に形成された現代の帝国主義が潜んでいると指摘する。この帝国主義は一九七〇年頃を境として前期と後期に分かれるという（ハーヴェイ二〇〇五）。ここでは便宜上、現代帝国主義の前半を第一期、後半を第二期として話を進めよう。

現代帝国主義の第一期は、ブレトンウッズ体制を敷くことで、アメリカ合衆国が「たんに支配的であるにとどまらず、超帝国主義国として、全世界の資産階級と支配層エリートの代表であるという意味においてゆるぎなき覇権を獲得」（同右書、五八頁）し「アメリカ合衆国のヘゲモニー」が確立されていった一九四五年から七〇年の時期である。ブレトンウッズ体制とは、アメリカドルを金と同一比率で交換できる唯一の通貨とし（金一オンス＝三五ドル）、ドルの力強さを示すため各国通貨との為替レートを固定し、蓄積されたドルを国際金融機関をとおして戦争で疲弊した国々に貸し付ける、という三つの方針にもとづく体制を指す。ＩＭＦと国際復興開発銀行（のちの世界銀行）はこのときに誕生した。この取り決めが、世界貿易におけるドルの基軸通貨としての役割を決定づけ、戦後世界経済における覇権がアメリカにもたらされた。「そこでは、アメリカ合衆国を明白なリーダーとして、共倒れになる戦争を避け、自分たち中核となる地域で強力に資本主義的統合を進めることによって、利益を共有しようという姿勢が貫かれていた」（同右書、六一頁）。

こうして成立した現代帝国主義の第一期のかたちとは、各国が経済ブロックを築き互いに競い合う戦前の体制ではなく、植民地（独立したのちは開発途上諸国）から安価な資源を調達し、産業を発展させつつ先進諸国間でその富を分かち合うという、南北間格差を前提としたグローバルな産業資本主義であった。換言するなら、ブレトンウッズ体制下で、宗主国同士の護送船団方式により互いの経済成長を図るという新しいかたちの帝国主義であった。第一章で見た、鉱物資源への欲求からモブツの独裁を支援した先進諸国の姿はまさに、この現代帝国主義のかたちを物語っていた。

◆現代帝国主義の第二期

その一方で、先進諸国内部ではケインズ主義を基礎とした福祉国家が目指されたのだけれども、高度成長の終焉とともに、産業資本主義では福祉国家を財政的に支えるだけの経済成長が難しくなっていった。そこで、一九七〇年頃からあらたに登場した現代帝国主義の第二期のかたちが「新自由主義的ヘゲモニー」である。アメリカは、ブレトンウッズ体制のもとで高度成長を達成した西側先進諸国との競争にさらされ、双子の赤字（貿易赤字と財政赤字）を抱えるようになった。そこでアメリカは、産業資本主義から金融資本主義への転換を図るため、石油ショックを引き起こし、国際市場で競争相手が混乱しているうちに、ニューヨークを金融資本主義の中心地とすることに成功した（ハーヴェイ二〇〇五、六五〜六六頁）。産業資本主義のままでは成長が見込めなくなっていくなか、「世界=経済」システムにおける現代の覇権国家であるアメリカは、資本の投機によって経済成長してゆく体制へと転換を図ったのだ。しかし世界的に見れば、当時はまだ金融取引の規制がどこの国でも強固な時代で、いまのように個人でも簡単に金融取引ができるような状況ではなかった。だが、イギリスのサッチャー政権、アメリカのレーガン政権、日本の中曽根政権と、新自由主義路線へとシフトする政権が矢継ぎ早に誕生した流れもあって、規制緩和による市場の開放や民営化を基調とする新自由主義思想が次第に取り入れられていく。そして、自由貿易の名のもとに、実質的には不平等な交易のルールを世界的に拡大していく体制の構築（一九九四年のWTO発足など）が図られ、他の先進諸国もそれに歩調を合わせていった。

このように、現代帝国主義下での旧宗主国連合の結束した動きがとられた結果、IMFや世界銀行などの国際経済機関もまた、第二期には新自由主義思想にもとづくルールを世界的に広める役割を担うようになっていった。そのあおりを受けた国のひとつがハイチだったのである。

先に見たように、アメリカでは農作物への公的補助がなされている。「実はこの補助金は、補助金の助けがなければ競争に勝てない海外市場で、アメリカ企業がアメリカ産穀物を売る目的で支給されたものだった」（ロバーツ二〇一二、二四三頁）。アメリカ産のコメが安価である理由はそこにある。だがWTOは、ハイチ共和国政府にたいして農家への補助を禁止している。ロバーツがいうように、「アメリカの農業生産者が彼らの作る穀物を生産コストよりも安く、そして外国の生産者よりも確実に安い価格で外国市場に売りつけられるように政府が補助金を出し続けているのに対し、海外の生産者は構造調整プログラムの下で、いかなる補助金も認められていないのだ」（同右書、二四三〜二四四頁）。ここにはまさに、安価な生産物を周辺国に売りつけ、その国の産業をつぶし、市場を寡占状態にして利益をむさぼり続けるという、あの逆ベクトルの構造がある。そうしたプロセスにより仕事を追われた小農たちは、賃労働での生活を強いられる。ハーヴェイは、こうしたやり方で中核諸国が利益を得ることを「略奪による蓄積」だと指摘する[注11]（ハーヴェイ二〇〇五）。

このような不公平な状況があっても、利益を中心的に享受している中核諸国の側に公平なルールへの転換を期待するのは難しい。現に、「アメリカ合衆国上院がWTO協約を批准したとき、そこには付帯事項がついていて、アメリカは自国にいちじるしい不利益をもたらすと考えられるWTOの採決を無視し拒否してもよい」と定められている[注12]（同右書、七七頁）。覇権国と中核諸国が、自分たちの利益を最大化しうるよう定めた国際交易のルールなのだから、そもそも覇権国がおいそれと従うはずがないのである。

こうして見てくると、コメの関税をIMFによって引き下げられ、農家への支援をWTOに止められ、その帰結として、二〇〇八年の世界同時食糧危機を境に人びとの食料事情が危機的な状況にあり続けるハイチは、まさに、現代帝国主義の第二期の影響を受けているといえるだろう。すなわち、新自由主義思想を基調とした「自由」貿易という国際ルールを、先進諸国が一致協力して世界に拡張させ、経済成長を目指すというプロセスから直接的な影響を被っているのだ。そんなハイチ共和国の状況が示すのは、シーブルックが指摘しているように「経済領域での『自由』とは、何であれ世界の金持ちたちに有利になることを示す符合」であり、「自由貿易は、自由などではないという現実だった。だからこそ「南の貧しい農民は、EUやアメリカと競争することはできない」のである（シーブルック二〇〇五、九三頁）。ハーヴェイがいうように、国際経済機関が「自由貿易を標榜しながら、その実、富める国々が貧しい国々よりも得をするような不公平な貿易を保護しているとしても、何も驚くにあたらない」、なぜなら「こうしたことが帝国主義的実践の典型だからだ」

（ハーヴェイ二〇〇五、一二四頁）。

5 ハイチの小農が追いつめられた背景②——いまも続く植民地化

◆ハイチの小農を苦しめる自然環境の破壊

就農人口の多いハイチ共和国で、コメをはじめとした農業生産がなかなか高まっていかないのは、現代帝国主義のもとで新自由主義にもとづく交易ルールが強制されているのが原因だとわかった。それに加えて、〈農〉の営みに欠かせない自然環境が、植民地化されて以来ずっと破壊され続けてきたという問題も、見逃すことはできない。

浜忠雄によると、ハイチ共和国は、熱帯に属するカリブの島国であるにもかかわらず、森林残存率は一％しかない。「国土の大部分が山地であるハイチは、平地は一七％、耕作適地は一五％にすぎ」ないにもかかわらず、「実際には三〇％が農地として使われ、本来は農地に適さない傾斜地まででも切り拓かれて」いる。加えて「農村でのエネルギー源の不足から樹木が濫伐されて燃料として使われ」、森林がずっと減り続けてきたのだという。そうしたところに「ハリケーンが運んできた雨は保水力を失った山の表土を押し流して農地浸食現象（エロージョン）を引き起こし、土砂は海に流れ込んで沿岸の漁業資源を破壊するだけでなく、多数の人命をものみ込んでしまう」（浜二〇〇七、八一頁）。このように、自然環境の破壊と、それに伴って生じる自然災害によっても、ハイチ共和国の農業は大きな打撃を被っているのである。しかしハイチ共和国には、まだサン＝ドマングという地名でフランスの植民地だった頃、「カリブ海の真珠」と西欧人にいわしめるほど富を産出する時代があった。そして、フランス本国で市民革命が起こってから独立戦争に突入し、世界で初めての「黒人共和国」（浜二〇〇七）ともなった誇るべき歴史をもってもいる。

そんなハイチ共和国の国土が、なぜ荒廃してしまったのだろうか。結論を先取りするならば、その要因は、コロンブスに「発見」されて以来、2〜3節で見たような現代帝国主義下での小農にたいする影響に至るまで、それぞれの時代の帝国から翻弄されてきた歴史にある。浜がいうように、ハイチの「脱植民地化」は未完のままなのだ（同右書、八七頁）。

そこで以下では、ハイチをとりまく帝国の歴史を時系列に沿ってたどりながら、森林の縮小という問題に焦点を絞りつつ、ハイチの自然環境が悪化してきた理由を探っていこう。

◆「海の帝国」時代の森林の縮小

ハイチの受難は、西欧における大航海時代の幕開けとともに始まった。西欧諸国はこのとき、ヨーロッパという地理的に限られているがゆえの市場の限界によって起こった長期の不況（長い一六世紀）から脱するため、あらたな市場や原材料の獲得を目指して航海に打って出た（ウォーラーステイン二〇〇六b）。それゆえホブスンが的確に指摘するように、「白人が有色人種の住む地方をその支配下に置くに至った殆（ほと）んどすべての場合において、最初の接触は商業的性質のものであった。また、政治的獲得、植民的移住、並（ならび）に伝道事業の考慮が意識的支柱であったが、貿易および天然資源の開発という経済的動機がもっとも有力な推進力であった」（ホブスン一九五一、一五〜一六頁〔筆者の責任で漢字の旧字体を新字体に改め、必要に応じてルビをふった〕）。まさにスティーブン・ハウのいう「海の帝国」の時代の始まりであった（ハウ二〇〇三）。

エスパニョーラ島は、こうした動機をもつスペインの期待を背負って大航海に打って出たコロンブスにより発見され、サント＝ドミンゴと命名された。スペインの植民地となった当地は、木造であった当時の軍艦や商船の修理のため、木材が伐り出されていった。加えて、スペインの始めた鉱山の採掘や農地開発のために森林が伐採されていった。海の帝国によるこれらの開発が原因で、サント＝ドミンゴでは森林の縮小が始まったのだ。しかも、重労働に無理やり駆り出されたタイノ族は滅亡してしまう（注13）。タイノ族の人びとは、海の帝国に軍事力によって征服されたのち、中核に位置するスペイン本国の周縁部と位置づけられ、〈いのち〉もろとも搾取され尽くしたのだ。タイノ人が減少してからは、アフリカ大陸から奴隷として連行された人びとが使役されはじめた。

◆フランス植民地時代の森林の縮小

狐崎によると、スペインが版図（はんと）を広げすぎたために統治が難しくなったサント＝ドミンゴは、密輸の温床になっていた。そうした状況を改善し人びとの動向を把握しやすくするため、一六〇六年、スペインはサント＝ドミンゴ中心部の都市を破壊し、北部沿岸の都市に住民を移住させた。そうしてがら空きになった地域には、自由の民やフランスに支援された海賊が住みつき、フランスの影響力が強まっていった（狐崎二〇一八、一八頁）。そしてついに、一六九七年にライスワイク条約が結ばれ、サント=ドミンゴは正式にフランスへと割譲され、フランス領サン=ドマングが誕生した。

その後、サン=ドマングでは砂糖とコーヒーのプランテーションが大々的につくられていった。その結果、一七三〇〜九〇年頃には世界最大の砂糖生産地となり、フランス本国からの移住者やアフリカから連れてこられた奴隷の増加によって人口が急増した（同前書、一八頁）。

こうして、サン=ドマングは「カリブ海の真珠」と呼ばれるまでになったのである。

ところが、コーヒーや砂糖のプランテーションの造成が進み、サン=ドマングが豊かになっていけばいくほど、森林は縮小していった。そうしたなか、ハイチではフランス本国で起こった市民革命（一七八九年）の理念を根拠に、奴隷解放を迫る「ハイチ革命」が勃発する。一七九四年、本国政府は奴隷の解放を宣言した。しかし、奴隷制の復活をもくろむナポレオンが、一八〇一年、ハイチに軍隊を派兵してきて以降、ハイチ革命は独立戦争へとその性格を変えていく。結果、その後の激闘を制したサン=ドマングは独立を宣言し、世界初の黒人共和国が誕生したのである。

ここで注目したいのが、スーザン・バック=モースの研究である。モースは、かのヘーゲルが『精神現象学』で展開した主と奴の弁証法は、ハイチで独立を勝ち取った奴隷たちの姿に着想を得たのではないかという。そして次のように指摘する。


ヘーゲルが現実の奴隷とその革命闘争について知っていたことは、疑いようがない。ヘーゲルは、おそらく彼の仕事のもっとも政治的な表現のなかで、ハイチのセンセーショナルな出来事を『精神現象学』の議論における要諦として用いたのである。カリブ海の奴隷たちの主人に対する革命が実際に起こり、成功したことは、承認の弁証法的論理が世界史の主題として、つまり自由の普遍的実現という物語として可視的になる瞬間である。」（モース二〇一七、五四頁）

一九世紀初頭、ハイチの人びとは、モースがヘーゲルに即していうように「自由の普遍的実現」を成し遂げたのだ。

◆独立のための賠償金がもたらした自然環境破壊

しかし、そんなハイチは、ある理由により再びあらたな隷属状態を国内につくり出さざるをえない状況に追い込まれ、カリブ海の真珠としての地位を失い、現在に至るまで自然環境の破壊が進み、世界最貧国と呼ばれるまでになってしまった。その最大の理由は、ハイチ共和国が独立と引き換えにフランスから課せられた賠償金にある。この、独立と引き換えの賠償金は、おそらく誰も納得しえないであろうことからもわかるように、歴史上、ハイチの被ったこの一例しか存在しない。

それにしてもなぜ、史上唯一の賠償金がハイチ共和国に降りかかってしまったのだろうか。ハイチが独立した当時、奴隷制に関する非難は高まっていたものの、植民地の拡張に関しては、ほとんど批判のない時代であった。平野千果子は、その要因を次のように分析している。

今日では、植民地支配という言葉には現地住民に対する抑圧的な支配が含意されるが、当時は植民地の領有と奴隷制とは、別物と捉えられていた。現地住民にあたるカリブ海の先住民は、ヨーロッパ人が入り込んだことですでにほぼ絶滅していたこともあるだろう。つまり植民地にある「悪」は奴隷制に限定されていたのであり、現地で支配の対象となる住民は不在同然だった。そのため一八世紀末の段階においては、植民地をもつこと自体はなんら革命の理念と矛盾するとは考えられていなかった。(平野二〇〇二、三二頁)

そのため、ハイチ共和国の独立を承認してくれる国家はなかなか現れなかった。そこでハイチ政府は、苦肉の策として、なんとフランスに独立を承認するよう要請する。それにたいしフランスは、独立戦争時にフランスの白人がもっていた財産や生命の剝奪への賠償金を支払えば独立を承認すると回答したのだ(一八二五年)。しかし、フランスが提示した一億五〇〇〇万フランという金額は、尾尻によれば「2004年のドル換算で2100億ドルに相当する巨額なものであった」(尾尻二〇一八、五四頁)。その後、交渉により賠償額は九〇〇〇万フランに減額されたものの、ハイチが賠償金を支払い終えたのは一世紀近く経った後の一九二二年であった。それでも、ハイチは安定した独立を確保するため、フランスの要求を受け入れざるをえなかったのだ。そしてハイチは、この多額の賠償金を返済するため、一八二六年に「農村法」を制定した。この法は六五ヘクタール以上の農地をもつ者を「土地所有者」とし、その対極に「農業を職業とする市民」あるいは「農業者」をおいて、土地所有者にたいして敬意をもって農作業に励まなければならないという義務を課した(浜二〇〇七、九三頁)。このように「農民の土地緊縛と『隷農化』、新しい階層秩序の導入、地方警察をとおしての規律統制の強化が図られた」状況は「鞭なき奴隷制」とも呼ばれ、「奴隷制の再導入にも等しいもの」であった（同前書、九四頁）。

　こうして、対外関係の厳しさから選択した賠償金受け入れという策により、ハイチの人びとは、無理な農地開発を行わざるをえない状況に自らを追い込んでしまったのである。

◆アメリカの支配下で生じた森林の破壊

　ハイチは、フランスへの賠償金返済が桎梏（しっこく）となり、経済が安定せず、政情も不安定だった。狐崎によると、一九世紀にハイチの歳入のほとんどはコーヒーの輸出にかかる税金が占めるようになっていた。しかし、不安定な独立を維持するための軍事費、フランスへの賠償金の支払いなどで苦しんでいるところに、一八九〇年、ブラジル産コーヒーの台頭による世界的なコーヒー価格の暴落が起こった（狐崎二〇一八、二三〜二七頁）。その後の混乱に乗じ、アメリカは一九世紀末にハイチの経済を支配しはじめ、一九一五年には軍隊を派遣し、一九三四年まで実質的な占領統治を続けた。アメリカはこのとき、「米国から投資を呼び込み、大規模なプランテーションによってハイチを近代化するため」に「外国人の土地所有を禁じたハイチ憲法」を「勝手に書き換え、外資に対する数多くの法的な優遇措置を規定した」。その結果、農業に適したハイチの土地が、アメリカのアグリビジネスへ「譲渡」されてしまった。抵抗したハイチ人はアメリカ軍に弾圧され、一万人近い死者を出したという（同右書、三二頁）。

　このように、ハイチ共和国は、一九世紀末から二〇世紀前半にかけて、列強国のひとつであるアメリカに実質的な支配を受け、土地が勝手に取り上げられ、奴隷同然の働き方をさせられ、抵抗したら殺されるという状況に追い込まれた。そして、アメリカの多国籍企業に譲渡された土地はプランテーションとして切り拓かれ、さらに森林が縮小していくきっかけとなってしまった。

◆いまだに続くハイチの植民地化の歴史

ここまで見てきたように、ハイチ共和国は、コロンブスによって「発見」されて以来、その土地で産出される鉱物や木材といった富が収奪され、先住民であるタイノ族が滅亡させられ、フランスによるプランテーションの建設によって森林が縮小していった。独立後も、後にも先にも歴史上ただ一例しかない独立と見返りの賠償金を支払う代わりに、自発的な奴隷制を導入せざるをえない状況に追い込まれ、賠償金を払い終える頃にはアメリカに占領されて土地が奪われ、さらに森林が縮小していった。

このようにハイチと帝国との関係史をたどってみると、現代におけるハイチの小農の苦難は、海の帝国の時代から現代の帝国主義まで続く、帝国側に有利な交易のルールによってなされてきた搾取の積み重ねが原因で生じているのがわかる。だからこそ、先に紹介した浜の言葉のように、ハイチの脱植民地化は、いまだに成し遂げられていないといえるのだ。

6 改善策を探る――私たちの加害者性／被害者性を回避するために

では、数世紀にわたって築かれてきた、中核国と周辺国との根深い帝国主義的な構造を改善しうる方策は、はたして存在するのだろうか。いくつか考えられる方策を列挙してみよう。

◆支援のありかたを変えてみる

ひとつめに、いま当たり前とされている支援のありかたを変えてみるという方法がある。

そのための導きの糸として、マイケル・マシスン・ミラー監督の映画『ポバティー・インク――あなたの寄付の不都合な真実』(二〇一六年配給作品)は、支援のありかたに関わるいくつかの重要な問題点を指摘していて参考になる。まず、先進国の市民から届く善意の寄付の多くが、支援団体やNGOの維持のために使われているという指摘である。それゆえ「NPO共和国」と揶揄(やゆ)されるほど海外の支援団体が入っているハイチの人びとの暮らしは、一向によくなっていかない。それは、ハイチの人びとが、野田正彰のいう「被災者役割」を担わされ、支援の対象として矮小化(わいしょうか)されているからではないだろうか。[注14] 必要なのは、現地の人びとと対等な関係を構築しつつ、内発的な動きを側面から支えていく支援のはずである。この点に関して、二〇〇兆円を超えるお金をかけながらもアフガニスタンから撤退せざるをえなかった米軍をよそに、二〇億円で数十万人の小農が暮らせる水路を築き、現地の人びとの生活に根づいている故・中村哲の支援活動は注目に値する。[注15]

『ポバティー・インク』では、ハイチの人びとへ物資を送り届ける援助がむしろ弊害をもたらす現実も描かれている。たとえば、太陽光パネル事業を起こしたハイチの人たちが、二〇一〇年の震災後に先進国の企業から「善意」で送られてきた大量の太陽光パネルによって窮地に陥った姿が描かれている。本当に必要な支援は、ハイチで育っている産業から調達できる物資の支援は断りつつ、ＮＧＯや政府がそうした地元企業の製品を率先して採用することではないだろうか。

◆国の発展段階を考慮に入れた支援

二つめに、ワシントン・コンセンサスにもとづく構造調整プログラムが、そもそも歴史上類例のない経済発展を遂げた先進国の歴史と相いれない内容である点も、見つめ直す必要があるだろう。

ロバート・アレンによれば、先進諸国が近代化し経済的に発展できたのには四つの理由がある。①日本であれば藩のようなくくりでの内国関税を撤廃し、より大きな国内市場を創出したこと、②対外的な関税を設定し未発達な国内産業を競争から保護してきたこと、③通貨を安定させて起業家に資金を供給できる銀行を創設したこと、④技術の開発が可能な人材を輩出し、技術の受け入れが可能な国民を形成するため大衆教育を確立したこと、の四点である（アレン二〇一二、五五頁）。

ＩＭＦや世界銀行が取り入れている構造調整プログラムは、こうした条件のなかで先進国が発展しえた歴史に学んでいない。だから、途上国の産業をいきなり自由貿易下の競争に組み入れたり、公営事業を多国籍企業に売り渡すような市場の開放を求めたりし、同じ失敗を繰り返している。やるべき対策は、すべてその逆のはずだ。農業に関していえば、営農が立ちゆかなくなっている農家を保護するために、まずは関税率を上げるよう開発途上国政府に要請し、圃場（はじょう）や用水路の整備、物資運搬のための交通網の整備、破壊された森林の回復など、必要な開発や自然環境保全のための資金を援助するという抜本的な支援策こそ必要なはずである。（注16）

◆私たちの加害者性を回避するために

ＩＭＦや世界銀行の支援内容が、そうしたよりよい方針へと転換していくようにするために、私たちにできることは何かあるのだろうか。有効な対策としては、レアメタルの問題と同じく、自国政府への働きかけがあげられる。ＩＭＦへ拠出する金額がアメリカに次いで多いのは、実は日本である。つまり、私たちは、構造調整プログラムを途上国に強要するＩＭＦへの拠出金（その原資は税金である）を通じ、ハイチの人たちの苦境にたいする間接的な加害者になってしまっているのだといえる。つまり、ここには、ガルトゥングのいうあの「間接的暴力」が作用しているのだ。[注17]それなのに、世界銀行とＩＭＦの方針が、多くの国の意向を聴くという民主的な方法で決められていないという問題もある。株式会社の株主総会における議決の仕方と同じように、拠出額に応じて投票権が付与される加重表決制度が採られているため、国連加盟国の大多数を占める途上国の声が、なかなか届かない仕組みになっているのである。

世界銀行とＩＭＦは、世界で最も富裕な国々の政府によってコントロールされている。Ｇ７は合わせて、役員の投票権の四〇パーセントを持っている。合衆国は世界銀行で投票権の一六・四五パーセントを、ＩＭＦでは一七パーセントを持っている。最重要決定では八五パーセントの賛成が必要だから、合衆国は事実上、拒否権を持っているのである。（シーブルック二〇〇五、一〇六頁）

だからこそ、私たちの加害者性を回避し、世界的な小農の不安定さを改善するには、ＩＭＦや世界銀行に多大な影響力をもっている自国政府に考え方を変えてもらわなければならない。まずは、ワシントン・コンセンサスではなく、むしろ途上国の小農を保護する政策とそのために必要な開発こそ、国際経済機関の方針にするよう働きかけるべきだと自国政府に促す必要があるだろう。次に、現代帝国主義で利益を得る側にとって有利な議決制度を見直し、一国一票の議決制度を導入するよう強く申し入れていく必要もあるだろう。

◆私たちの被害者性を回避するために

それでも、「豊かな生活を送れている我々には、開発途上国の人たちの苦悩は関係ない」という向きもあるかもしれない。しかし実際には、現代帝国主義のメカニズムは、意図しないかたちでいまは加害者側に立っている私たちさえをも、簡単に被害者側へと追いやる力をもっている。

鈴木は、二〇〇八年のとき以上の世界同時食糧危機が発生すれば、自国民をさしおいて日本に穀物を輸出してくれる国などあるだろうかと警鐘を鳴らす。食料は軍事に次ぐ戦略物資であり、だからこそ多くの国が自給率を高めようと努めているにもかかわらず、日本では相変わらず農業が軽視されたままでよいのか、というのである（鈴木二〇二二）。序章で示したように、未知のウイルスのパンデミックが発生し、予期せぬ地政学的危機が起こり、歴史的な円安という事態を経験し、実際に食料の調達が難しくなっている状況を目の当たりにしているいま、鈴木の鳴らす警鐘はけっして他人事ではないはずだ。そうであるなら、食料自給率が極端に低い日本で暮らす私たちにとって、国内外いずれにおいても、小農を保護し、世界の食料供給を安定化させていく努力は、実は、自分たちの食料安全保障の観点から見ても喫緊の課題だといえるのだ。実際の問題として、小農の集約的な農業のほうが、大規模な工業型の農業よりも持続的で生産力が高いという指摘もある。(注18)

こう見てくると、世界中の小農が安定した暮らしを送れる未来の実現は、一方で、私たち自身の現代帝国主義下での加害者性と飢餓の危険性を取り払い、他方で、私たち自身の食料安全保障につながる、かなり重要な実践だといえるだろう。

【注】

(注1) アルベール・メンミ(二〇〇七)、七〇頁。

(注2)『Indexmundi.com』https://www.indexmundi.com/agriculture/?country=ht&commodity=milled-rice&graph=production(二〇二一年九月一九日最終アクセス)

(注3)『Indexmundi.com』https://www.indexmundi.com/agriculture/?country=ht&commodity=milled-rice&graph=domestic-consumption(二〇二一年九月一九日最終アクセス)

(注4)『Indexmundi.com』https://www.indexmundi.com/agriculture/?country=ht&commodity=milled-rice&graph=production(二〇二一年九月一九日最終アクセス)

(注5) 出典:「世界経済のネタ帳」https://ecodb.net/commodity/rice_05.html(二〇二一年九月一五日最終アクセス)

(注6) 交換権原(exchange entitlement)とは、A・センの『貧困と飢饉』訳者まえがきのわかりやすい表現によると、「ある社会において正当な方法で『ある財の集まりを手に入れ、もしくは自由に用いることの

できる能力・資格』、あるいは、そのような能力・資格によって『ある人が手に入れ、もしくは自由に用いることができる財の組み合わせの集合』を意味する」（セン二〇〇〇、v頁）。

（注7）二〇〇八年の世界同時食糧危機は「需要の増加と供給の減少による需給のひっ迫が引き金になったことは確かだが、むしろ需給原因では説明できない『バブル』（需給実態から説明できない価格高騰）の要因が大きかった」。それゆえ「世界的にはコメの在庫が十分あったにもかかわらず、お金を出しても手に入れられないという事態が起きた」。なぜなら「高騰した小麦やトウモロコシからの代替需要で、コメ価格が上昇するのを懸念したコメの生産輸出国が、コメの輸出規制を行った」からである（鈴木二〇一三、一五〜一六頁）。つまり「高騰した穀物価格のうち、需給要因で説明できるのは半分程度に過ぎず、残りの半分は投機マネーの流入や輸出規制による『バブル』によるものだった」のだ（同右書、二〇頁）。

（注8）二宮厚美は、「新古典派、マネタリズム、サプライサイド経済学、公共選択学派、オーストリア学派」など、数ある新自由主義経済学のなかでただひとつ一致しかつ重要な点は、「社会の資源配分を市場原理に委ねること、つまり資源の効率的配分を市場の自由競争のもとで実現しようとする考え方」だと強調している（二宮一九九九、二二頁）。

（注9）ハーヴェイ（二〇〇七）の巻末資料「ワシントン・コンセンサス」（三五一頁）より引用。

（注10）「たとえば世界銀行はアパルトヘイト後の南アフリカを、私有化と市場の開放によってなしとげられる効率化の見本と位置づけ、水の私有化や地方政府が所有していた公営施設の『全額負担回収』を促進した。消費者は無料の商品として水を受け取るのではなく、使っただけ水の代金を払う。理論的には、歳入が増えればこうした公営施設も利益を得てサービスが拡張されるはずである。しかし代金が支払えなくなった人々が増大して、サービスを打ち切られ、収入が減った会社は料金を上げ、その結果ますます水は低収入層にとって手に入りにくいものとなる。ひとつの結末として、水をほかに求めなくてはならなくなった人々が、コレラに伝染して多くの人が亡くなった。公言された目的（あらゆる人に水道を）は、主張さ

れた手段をもってしても達成されなかったのだ」（ハーヴェイ二〇〇五、一六〇〜一六一頁）。

（注11）正確にいうと、ハーヴェイはマルクスの「本源的蓄積」の考え方を応用して略奪による蓄積という見方を提起している。本源的蓄積の詳細については、本書第五章の2節を参照。

（注12）ウォーラーステインがいうように、こうした国際制度を抜け道とし、「強力な国家は、弱体な国家に対して、強力な国家に立地する企業にとって有益で利益をもたらすような生産要素の流通について、国境を開放するように圧力をかける一方、その点について相互的であることを求める弱体な国家からの要求には抵抗するような関係をとりむすぶ」（ウォーラーステイン二〇〇六 a、一二八頁）。

（注13）「一四九二年には少なくとも人口三〇万だったこの島民は、一五一〇年までに約三万三〇〇〇人に、一五四八年までにたった五〇〇人へと減少した。〜中略〜タイノ人は主に、スペイン人が意図せずしてもちこんだ伝染性の新しい病気で死んだが、植民者たちは無神経に収奪をおこなって、伝染病の破壊的なインパクトにさらに輪をかけた。スペイン人はタイノ人に植民地の鉱山、牧場、プランテーションでの労働を強制して、その残虐な労働体制に彼らは苦しみ、死んでいったのである。抵抗した先住民はその集落に破壊的で凄惨な襲撃を受けた」（テイラー二〇二〇、二四〜二五頁）。

（注14）野田は、災害の被災者には「被災者役割」が、すなわち「集団であつかわれ、全国から救援物資を受けとるだけの無力な役割——被災者らしさ——が求められる」（野田一九九五、一四頁）という。この指摘のなかでの「全国」を「全世界」とすると、まさにハイチの人びとの現状にあてはまる。一方、「救援者役割を担った人々は、被災者を『災害で酷い目にあった不幸な人々』として集合的に捉え」、その結果、「救援者が被災者をマスとして捉え、被災者集団に公平に何かを〝してあげる〟という関係をとればとるほど、被災者個々は無力化し、『被災者役割』に押し込められていく」という（同右書、一八七頁）。

（注15）アフガニスタンでの医療支援を続けていた中村哲は、二〇〇〇年の大干ばつを機に、安全な水と食料がなければいのちは助からないと考え、井戸掘りや用水路の建設へと活動をシフトしていった。生前に

は、軍事による復興はなしえないという点も各種メディアで強調していた（『東京新聞』二〇〇九年八月四日付二二面記事「アフガンの地で 中村哲医師からの報告 砂漠にスイカ潤したい 用水路24キロに通水」など）。

（注16）たとえばコロンビアで森林を再生しているNGOのZERIは、カリブ松の植林時にコツブタケの菌根菌を混ぜるという工夫をするだけで、一ヘクタールあたり一〇万円程度で森林の再生を可能にした（フジテレビ「第14回地球環境大賞スペシャル　一〇〇年後の子どもたちへ」二〇〇五年六月五日放送）。

（注17）ガルトゥングは、貧困や独裁なども暴力としてとらえるために、暴力の定義を次のように広く定義する。「ある人にたいして影響力が行使された結果、彼が現実に肉体的、精神的に実現しえたものが、彼のもつ潜在的実現可能性を下まわった場合、そこには暴力が存在する」（ガルトゥング一九九一、五頁）。このように暴力が定義されると、ある個人から他者への物理的な暴力だけでなく、国家による貧困の放置や独裁による圧力なども、暴力としてとらえることが可能になる。そのうえで、ガルトゥングは構造的暴力を以下のように定義する。「暴力を行使する主体が存在する場合、その暴力を個人的または直接的暴力と呼び、このような行為主体が存在しない場合、それを構造的または間接的暴力と呼ぶ」（同右書、一一頁）。こうした「暴力は構造のなかに組み込まれており、不平等な力関係として、それゆえに生活の機会の不平等としてあらわれる」（同右書、一一～一二頁）。

（注18）関連して、ロバーツは興味深い分析を紹介している。中国の小規模農家が実践している農業の「多様性はアメリカにおける単一作物モデルとは対照的で、実際、一エーカー当たりのカロリーに換算すると、中国の農家はアメリカよりも多くのカロリーを生み出している。中国の二億近い家族経営農家の生産量の合計は、アメリカで二百万人の生産農家が生み出す生産量を二十パーセントも上回っているのだ。そして、中国はそれをアメリカの四分の三の農地面積で実現している」（ロバーツ二〇一二、二二九頁）。ただし、中国は水の問題に直面しており、黄河が途中で断流するという現象もかなり前から発生している（福

嶌二〇〇八)。

【文献】

尾尻希和(二〇一八)「政治——政治体制比較と政治発展過程」、山岡加奈子編『アジ研選書48 ハイチとドミニカ共和国——ひとつの島に共存するカリブ二国の発展と今』第2章、アジア経済研究所
狐崎知己(二〇一六)「デュバリエ体制後の開発体制 国際介入と体制転換」、山岡加奈子編『イスパニョーラ島研究序説』調査研究報告書、第3章、アジア経済研究所
狐崎知己(二〇一八)「開発——長期的発展経路と決定的な分岐」、山岡加奈子編『アジ研選書48 ハイチとドミニカ共和国——ひとつの島に共存するカリブ二国の発展と今』第1章、アジア経済研究所
鈴木宣弘(二〇一三)『食の戦争——米国の罠に落ちる日本』文春新書
二宮厚美(一九九九)『現代資本主義と新自由主義の暴走』新日本出版社
野田正彰(一九九五)『災害救援』岩波新書
浜 忠雄(二〇〇七)『ハイチの栄光と苦難——世界初の黒人共和国の行方』刀水書房
平野千果子(二〇〇二)『フランス植民地主義の歴史——奴隷制廃止から植民地帝国の崩壊まで』人文書院
福嶌義宏(二〇〇八)『黄河断流——中国巨大河川をめぐる水と環境問題』昭和堂
R・C・アレン(二〇一二)『なぜ豊かな国と貧しい国が生まれたのか』グローバル経済史研究会訳、NTT出版
J・ガルトゥング(一九九一)『構造的暴力と平和』高柳先男・塩屋保・酒井由美子訳、中央大学出版部
D・ハーヴェイ(二〇〇五)『ニュー・インペリアリズム』本橋哲也訳、青木書店
D・ハーヴェイ(二〇〇七)『新自由主義——その歴史的展開と現在』渡辺治監訳、森田成也・木下ちがや・大屋定晴・中村好孝訳、作品社

S・ハウ（二〇〇三）『1冊でわかる帝国』見市雅敏訳、岩波書店
J・A・ホブスン（一九五一）『帝国主義論（上）』矢内原忠雄訳、岩波文庫
P・ロバーツ（二〇一二）『食の終焉――グローバル経済がもたらしたもうひとつの危機』神保哲生訳、ダイヤモンド社
A・メンミ（二〇〇七）『脱植民地国家の現在――ムスリム・アラブ圏を中心に』菊地昌実・白井成雄訳、法政大学出版局
S・バック＝モース（二〇一七）『ヘーゲルとハイチ――普遍史の可能性にむけて』岩崎稔・高橋明史訳、法政大学出版局
A・セン（二〇〇〇）『貧困と飢饉』黒崎卓・山崎幸治訳、岩波書店
J・シーブルック（二〇〇五）『世界の貧困――1日1ドルで暮らす人びと』渡辺景子訳、青土社
J・スティグリッツ（二〇〇二）『世界を不幸にしたグローバリズムの正体』鈴木主税訳、徳間書店
A・テイラー（二〇二〇）『先住民 vs. 帝国 興亡のアメリカ史――北米大陸をめぐるグローバル・ヒストリー』橋川健竜訳、ミネルヴァ書房
I・ウォーラーステイン（二〇〇六a）『入門 世界システム分析』山下範久訳、藤原書店
I・ウォーラーステイン（二〇〇六b）『近代世界システムⅠ 農業資本主義と「ヨーロッパ世界経済」の成立』川北稔訳、岩波書店

第三章

不公正な「世界＝経済」システムはなぜ誕生したのか？
――現代帝国主義を成り立たせている思想のルーツを探る

今日、わたしたちの自由は、あいかわらず、ほかの人々の不自由に依存し、わたしたちの非暴力はほかの人々にたいする暴力に、わたしたちの富はほかの人々の貧困に、わたしたちの民主主義はほかの場所での独裁に依存しており、さらに、それは拡張されてさえいる。(注1)

クラウディア・フォン・ヴェールホフ

1 「文明」が採っていた考え方

コンゴ民主共和国では、ベルギー王レオポルドⅡ世の私領になってから一〇〇年以上の月日が流れてもなお、いまだに奴隷制が消えない、という現実があるのだった(第一章)。ハイチ共和国では、植民地化されて以降ずっと帝国の影響を受け続け、それゆえに先住民のタイノ族が絶え、自然環境が破壊され、いまでもおかしな交易のルールが押し付けられて小農が窮地に追い込まれている、という現実があるのだった（第二章）。これらの状況が生まれる背景には、植民する側だったヨーロッパに古来より伝わる、ある考え方が潜んでいる。それは、植民する側が、自分たちを「文明」と位置づけ、征服される側の人びとを遅れた「未開」の人びとと見なす考え方である。

進んでいる自分たち文明の側は、未開の人びとを教え導かなければならない、でも、せっかくいろいろと教えてあげているのに、もしも歯向かってきたら、それは「野蛮」なふるまいということになるのだから、武力を用いて沈黙させてもかまわない……。

実は、こういった文明・未開・野蛮というくくりで自己の側と他者の側とを峻別してとらえる見方が、「世界＝経済」システムのなかで周辺とされる地域への長年の侵略を正当化してきた、と考えられるのだ。そして、第一章、第二章でその存在を明らかにした現代の帝国主義的構造のなかにもまた、この見方が色濃く反映されており、それゆえに、開発途上国が本当に必要としている支援や国際ルールの制定につながっていかないのではないか、と思われるのだ。

そこで、本章ではまず、帝国が拡張していくなかで文明・未開・野蛮という見方が作用していった歴史について考察する（2節）。そのうえで、この見方が、現代帝国主義を駆動させる経済思想、新自由主義へとつながる系譜をもつ自由主義、自由民主主義思想においても垣間見える側面をあぶりだす（3〜4節）。そして最後に、周辺化された地域が自らの主体性を取り戻すためには、どのような考え方が必要となってくるのか、第Ⅱ部以降の考察へとつながる論点を提起したい（5節）。

2 宗教者も逃れられなかった「文明と野蛮」図式

◆ある宗教者の告発

まずは、第二章で考察したハイチ共和国が植民地化されていく初期のプロセスをたどりつつ、そこでいかに文明・未開・野蛮という見方が作用していたか明らかにしよう。

「新大陸」がコロンブスによって「発見」されてから一一年後の一五〇三年、スペイン国王は、現地に赴くスペイン人にたいし、先住民をキリスト教へ改宗させる義務を負わせると同時に、一定数の先住民を労働力として使役してもよいという許可を与えた。エンコミエンダと呼ばれるこの制度も、新大陸の金・銀・真珠といった金目のものに目のくらんだ征服者たち（コンキスタドール）にはまともに受けとめられなかった。それどころか、手っとり早く財をなすため、コンキスタドールは先住民から財を奪い、先住民を鉱山で使役し、従わない先住民を虐殺していった。

現地に赴いた聖職者のなかには、そうしたコンキスタドールのふるまいを快く思わず、国王に改善を直訴する者も現れた。そのひとりがバルトロメー・デ・ラス・カサスである。

エスパニョーラ島は、～中略～キリスト教徒たちが最初に侵入した所で、彼らはまずその島の住民に大きな被害を加え、住民を虐殺した。すなわち、彼ら、島の住民はキリスト教徒たちにより殺され、土地を破壊された最初の人たちである。／キリスト教徒たちは、まずインディオたちから女や子供を奪って使役し、虐待し、また、インディオたちが汗水流して手に入れた食糧を強奪した。（カサス一九七六、二四頁）

この残忍な行為に抵抗して立ち上がった先住民にたいし、「キリスト教徒たちは馬に跨り、剣や槍を構え、前代未聞の殺戮や残虐な所業をはじめた。彼らは村々へ押し入り、老いも若きも、身重の女も産後間もない女もことごとく捕え、腹を引き裂き、ずたずたにした。その光景はまるで囲いに追い込んだ子羊の群を襲うのと変りがなかった」（同右書、二五頁）。こうして、現在のハイチ共和国とドミニカ共和国になるエスパニョーラ島では、先住民のタイノ族が滅亡したのである（第二章）。

こうした目に余る残虐な行為は、南北アメリカ大陸のいたるところで繰り広げられ、たくさんの帝国や王国が滅亡し、多くの先住民族が殺戮の憂き目にあった（注2）。

こうした悲哀の歴史をたどってみると、どうしても解せない疑問が沸々と頭をもたげてくる。それは、まったく罪のない人びとを殺戮していったコンキスタドールたちに、カサスが感じていた良心の呵責（かしゃく）の痕跡が見受けられないのはなぜなのか、という疑問である。

◆文明・未開・野蛮

この疑問をひも解く際に重要な考え方が、本章の冒頭から強調しているとおり、ヨーロッパに古来より存在した、文明・未開・野蛮という三つのくくりで人びとをとらえようとする見方である。

英語で「野蛮人」を意味するbarbarianの語源をたどると、古代ギリシアの「バルバロイ」という言葉に行きつく。バルバロイとは、当初は、ギリシア人から見て自分たちの知らない言葉をしゃべる異郷の人たちを意味していた。その語意が時代を経て変化し、野蛮人を意味するようになる。陸の帝国の先駆けである古代ローマでは、この言葉は主に北方のゲルマン民族を指して使われた。この際、相手を野蛮と認定する側の古代ギリシアやローマの人びとは、自分たちを「文明」と位置づけていた。そして、自分たちより文化も生活水準も劣っていると見なした遠方の人びとを「未開」と位置づけ、文明の側の自分たちが教え導くべき相手なのだという考え方を採用していた。しかも、未開の人びとが教えに従わずに歯向かってきたら、かれらは「野蛮」だということになるのだから、軍事的に征服してもよいのだ、捕虜は奴隷として扱ってもよいのだ、という考え方を採っていた。こうした歴史があるために、ヨーロッパでは「文明」と「野蛮」という見方がすでに古代の時点で一般的なものになっていた。そのためか、かの有名な哲学者アリストテレスも、『ニコマコス倫理学』では正義について論じる一方で、奴隷制を容認してもいる。

◆「文明と野蛮」図式

ヨーロッパに古代より存在するこうした文明・未開・野蛮という見方を、渡辺憲正は「『文明と野蛮』図式」と定義している（渡辺二〇一三）。渡辺はいう。

> 文明は文明化であるかぎり、他方の極につねに野蛮を措定し、それを前提してこそ存立してきた。古代には異民族を、中世には異教徒を、そして近代は、1)土地所有権の不在、2)法的統治と富裕の不在、3)権利侵害の脅威を与える存在、という脈絡において非西洋民族を、野蛮としてとらえ、植民地化と戦争を正当化した。（渡辺二〇一三、六九頁）

つまり、近代に入ると、文明の側が、自分たちが文明だといえる三つの条件を設定し、その条件をもとにふるいをかけ、遠い地に暮らす人びとの一部を未開・野蛮と見なし、それを前提とした関係を取り結んでいったと渡辺はいうのである。文明の三条件をもう少し咀嚼してみよう。

第一の土地所有権について。文明では、土地所有権が確立されているからこそ、人びとが自らの土地の私有を主張できる。しかし、未開の人びとには私的所有という観念がない。それゆえ、未開の人びとの利用する共有地は誰のものであるともいえない未開の地ということになるから、先に占有した者の所有となる。

第二の条件について。文明には、勤勉の結果としての富の蓄積、豊かに花開いた文化や法の存在があるが、未開の人びとの暮らしにはそれがない。だからこそ、自分たち文明の側が、未開の人びとに努力の仕方や法的統治について教え、導かなければならないのだ。

第三の条件について。未開の「遅れた」人びとをそのように教導しようとする際、もしも抵抗したならそれは野蛮な行為なのだから、文明の側が武力で制圧するのは許される。

渡辺は、これらの見方がヨーロッパで異民族を征服する理由づけに使われたというのである。

近代になり、アメリカ大陸が「発見」され、植民地化が進められていくなかで、こうした考え方は国際法として明文化されるようにもなっていく。エレン・メイクシンズ・ウッドは、国際法の父と呼ばれるフゴー・グロティウス（一五八三〜一六五四）もまた、土地の所有に関して渡辺の指摘するような考え方に立脚していたと指摘する。

荒蕪地や耕作されていない不毛な土地はだれの所有物でもなく、その土地を耕作する能力と意図のある者であれば、これを占有できるというのである。グロティウスの理論が、ローマ法の「無主物（レス・ヌリウス）」という原則に近いものであることは明らかだろう。この原則では、占有されていない土地など「無主物」は、それが利用されるまで、土地の場合にはとくに農耕の用途に使われるまで、共有物とみなされていた。ヨーロッパは植民を正当化する際にはいつも、この原則に依拠していたのである。（ウッド二〇〇四、一二六頁）

◆「未開」の人びとを教導すべしという偏見

このように、ヨーロッパには「『文明と野蛮』図式」という考えが古来より存在したとする有力な見方に照らしてみると、コンキスタドールがアメリカ先住民を躊躇（ちゅうちょ）なく迫害できたのは、自分たちを文明、歯向かってきた先住民の人びとを野蛮ととらえる素地がすでにあったからだと推測できる。さらに興味深いのは、コンキスタドールがアメリカ先住民を征服する悲史のなかで、「人種差別」の前提となる考え方もまた生み出されたのだというアルベール・メンミの指摘である。

一六世紀に、スペイン人は、アメリカにおけるスペインの「文明開化の使命」と、インディアンの「持って生まれた劣等性」、さらには、「背徳」とを対比させた。そして、ヨーロッパ人の征服と支配体制の正当性を導きだす権利がここにあると思った。つまり、生物学的に劣等とされる集団に対して、優等と判断される別の集団が行う攻撃と支配を正当化する組織的努力は、植民地化の始まりと時期を一にしているのだ。原住民は劣等とされるだけではない——それだけなら彼らに過ちはないことにもなる——。そうではなく、彼らは「背徳的」であり、だから、道徳的に非難され、処罰、あるいは、少なくとも矯正に値する存在なのだ。このことが白人の「使命」を正当化する。（メンミ一九九六、一七七頁）

アメリカ先住民にたいするコンキスタドールの身体的な迫害を徹底的に追及したカサスも、生活の質の向上と信仰という部分での「矯正」については否定しなかった。というよりも、むしろ積極的に推進すべきだと主張してさえいる。

カスティーリャの国王が神とその教会から～中略～インディアスという広大無辺な新世界を委ね与えられましたのは、その地に住む人びとを導き、治め、改宗させ、現世においても来世においても彼らに幸福な生活を送らせるためにほかなりません。（カサス一九七六、一四頁）

いのちがけでアメリカ先住民への迫害を止めようとしたカサスでさえ、このように書き残しているところを見ると、文明の側が未開の人びとを教え導くのだという考え方が、いかに拭いがたく、自然なものとして当時の西欧諸国に存在していたかがわかる。(注3)

しかしながら、勝手に「未開」とされ、抵抗したら「野蛮」だと見なされ弾圧された地域の人びとから見れば、このような見方は迷惑千万だったに違いない。未開・野蛮と見なされた地域にも独自の文化や考え方があり、そこで暮らす人びとは固有の生活を営んでいたはずだからである。それにもかかわらず、そうした生活が「遅れた」ものと見なされ、それゆえに帝国の歴史が昂進するなかで「周辺」化されていった結果、本書で見てきたハイチやコンゴと同じような状況に追い込まれていった地域は、「世界=経済」システムのなかで、いまだに苦しい状況におかれているのだ。

そうだとしたら、周辺化された地域が自由と尊厳を取り戻し、自立してゆけるような思想やガバナンスのありかたこそが、いま求められているのではないだろうか。

3 自由主義の功と罪

◆「文明と野蛮」が潜んでいる？

しかしながら、そのために有益な示唆を与えてくれるはずの自由主義の思想にも、実は「文明と野蛮」図式の陰影が見え隠れしている。

第一章で見たコンゴ、第二章で見たハイチの現在における受難の背後には、現代の帝国主義ともいうべき構造が「世界=経済」システムに潜んでおり、しかもそれを駆動させているのは新自由主義という経済思想だという点を明らかにした。新自由主義は、英語でいうと「ネオ・リベラリズム（Neo-Liberalism）」である。すなわち、かつての自由主義を現代に再興しようとする思想である。

ハイチは、農業を大規模化し、安価で生産した農作物を輸出することで財政を好転させるべしという構造調整プログラム（本書六〇頁）をIMFから「よい」ものとして提示され、受け入れ（ざるをえなかっ）た。ここで注目したいのは、現代の帝国主義を駆動させている中核（先進諸国の連合体）が、国際経済機関を使って、周辺（ハイチ共和国）を教導するという「文明と野蛮」図式が顕著なかたちで見受けられる、という点である。ということは、現代帝国主義を動かす中核諸国の信奉する新自由主義にも、そして新自由主義が再興すべしという自由主義にも「文明と野蛮」図式の基本的な思考が潜んでいる可能性が高い、という推察が成り立つ。そこで本節では、自由主義の哲学を解剖しながら、そこに胚胎する「文明と野蛮」図式の陰影に迫ってみることにしよう。

◆ジョン・ロックの自然権思想の意義

イギリスの哲学者ジョン・ロック（一六三二～一七〇四）は、いちはやく自由主義を唱えた草分け的存在で、人間の生存権を先駆けて主張したといわれる哲学者である。けれども、私見によれば、彼の自由主義の哲学の根底には「文明と野蛮」図式が潜んでいる。

ロックは、原始社会を自然状態として措定し、そこから人間はどうやって社会を築いたのかという視点から、人間の生まれながらにもっている権利（=自然権）を基礎理念として提示した社会契約論者のひとりである。ロックの理論の限界を指摘するため、この部分からまずおさえておこう。

ロックは、自然状態を、人間が互いに対等な関係のもと、それぞれ行動の自由をもっている状態だったと想定する。この想定は、ホッブズが自然状態を「万人の万人に対する闘争」の状態だったととらえたのと一八〇度違っている。なぜかというと、自然状態は神の創造した世界なのだから、神のつくった法にもとづいて人びとは生きているはずだとロックが前提したからである。

神は、人間一人ひとりが自らいのちを維持できる（＝自己保存）よう自然豊かな世界を創造した。そこでは「平和と全人類の保存」（ロック 二〇一〇、二九九頁）とを人間に要請する神の法が作用している。この、各人が自己保存すべきだと説く神の法は、当たり前の前提として自然に備わっているはずであるから、神の法は「自然法」と呼ばれる。つまりロックの想定する自然状態は、人びとの間の平和を要請する神の法、すなわち自然法がゆきわたっており、だからこそ、そこで暮らす人びとも互いに侵害しあわず暮らしていた、という論理だてになっているのだ。[注4]

ロックが人間の生存権をいちはやく提起したといわれているのは、このように、自然状態では、どんな人間も、生まれもった権利（＝自然権）として自己保存の権利があると明確に述べているからである。加えてロックの思想の先見性を明示するならば、こうした自然状態のなかで、人間は、どんな権力からも抑圧されることのない、生まれながらの自由をもっていると想定するからこそ、自由への侵害を抑え、罰するための政治権力をみんなでつくるのだという社会契約説に行きついた点である。このような思想で、社会のなかでの人間の自由を根拠づけ、現代の立憲主義の根幹をも築いたロックの功績は、強調してもしすぎることはない。私たちがあらゆる自由を享受できているのは、ロックが世界に先駆けて人間の自由の重要性を訴えてくれたからなのだから。

◆ロックの自然権思想の限界

だが、「自由主義の父」と呼ばれるロックの提起したこれらの先進的な人間の権利にも、実はそれを成立させる重大な前提条件がある。そして、その前提条件こそが、自由主義を「文明と野蛮」図式にもとづく帝国の海外拡張政策に寄与する思想にしてしまっているように思うのだ。

ロックが自然権として措定した生命、自由、所有物（財産）は、所有権とも（ロック一九六八・鵜飼訳）固有権とも（ロック二〇一〇・加藤訳）訳される。[注5] 英語でいうと private property であり、意訳すれば「その人間に固有の属性」という意味あいがあるので「固有権」のほうがしっくりくるのだけれども、先行研究では主に「所有権」と訳されていることから、本書でもこちらを採用する。

ロックによれば、人間の生命、自由、所有（財産）が自然権として成立する大前提は、その人が労働をしているかぎりにおいてである。つまり、ある人が、自らの「生命（身体）」を用いて「自由」に労働を行い、その「財産」が得られるという流れがあってはじめて、生命・自由・財産はその人の所有権として確定される。[注6] この点を端的に示したのが次の文章である。

パン、ワイン、織物は日常的に用いられるものであり、かつ、きわめて豊富にあるものである。しかし、もし労働がそうした有用な日用品をわれわれに供給しなかったならば、どんぐり、水、そして、木の葉や獣皮が、われわれの主食物であり、飲料であり、衣服であったに違いない。つまり、パンがどんぐりに比べて、ワインが水に比べて、そして、毛織物や絹布が木の葉や獣皮や苔に比べて価値が多い分は、すべて、労働と勤労とに負うのである。（ロック二〇一〇、三四二頁）

ところが、「労働（投下）価値説」として有名なこの考え方は、逆の視点から見れば、他者をさげすむ見方にもつながってしまう。なぜなら、自分の身体を用い、努力して財産を生み出す実践をしていないように見える人びとは、自己の自由と身体という二つの所有権（＝自然権）を有効に活用していないという結論にもなりうるからである。実際、ロックは、彼の目から見て努力していないように映ったアメリカ先住民にとても冷淡だった。

〜前略〜価値の大部分を作りだすのは労働による改良だということがわかるであろう。〜中略〜このことを証明するものとして、豊かな土地をもちながら、生活を快適にする物についてはすべてにおいて貧しいアメリカの諸部族ほど明瞭な例を提供するものはないであろう。彼らは、自然から、豊かな資源、すなわち、食物、衣服、生活の快適さに役立つものを豊富に生産するのに適した肥沃な土地を他のどの国民にも劣らないほど惜しみなく与えられておりながら、それを労働によって改良するということをしないために、われわれが享受している便宜の一〇〇分の一ももっていない。そして、そこでは、広大で実り多い領地をもつ王が、イングランドの日雇い労働者より貧しいものを食べ、貧弱な家に住み、粗末な服を着ているのである。（同右書、三四一〜三四二頁）

右の文章に、自分たちを「文明」ととらえ、アメリカ先住民を「未開」ととらえるまなざしがあるのは明らかであろう。その証左として、ロックは『統治二論』後編の四五節で興味深い対比を記している。人口が増えて耕す土地が不足してきた共同体が「法によってその社会の私的な個人の所有権を規制する」（同前書、三四六頁）ようになったのとは異なり、アメリカ先住民の暮らす地域はまだ自然状態と一緒だというのである。それを文明の側が切り取ってもよいのだという明示的な文章はないものの、ロック自身が初代シャフツベリ伯爵を通じてカロライナの何千エーカーもの「未開発」地の所有者となり収入を得ていた事実に照らせば、「無主」の地なら先占してもよいのだと前提していたのは明白であろう。（注7）

それゆえ、近代化のプロセスでロックの思想を受容していったイギリスや独立戦争後のアメリカが、植民地拡大の過程で抵抗した先住民を武力で抑圧していったのは、「自然」な流れであったといえる。なぜなら、社会契約を採用して成立した政治権力は、人びとの所有の自由をあらゆる抑圧や侵害から守るという性格をもつからだ。つまり、ロックにより提起された自然権思想とは、なによりもまず、自由に処分するだけの財産をもっている同国内の一部の人間同士の平等にすぎない、という側面をも併せもっていたのだ。それゆえ、ロックの生きた時代には、アメリカ先住民だけではなく、共有地の囲い込みにより数が増え続けていたイギリス国内のホームレスもまた、自らの努力不足がそういう境遇を招いたのだという理屈でさげすまれていた。（注8）納税額の低い国民は投票権すらなかった。そして、女性はそもそも、こうした権利の対象だとは見なされていなかった。

◆権利の範囲が狭い理由

でも、自由主義においてはなぜ、一部の人びとにしか自由権が認められていなかったのだろうか。それは、自由主義における自由が、当時、絶対王政権力によって自由な経済活動ができなかった人びと、すなわちのちにブルジョア階級を形成する、資産をもった名望家によって渇望された自由だったからである。つまり、何ものにも縛られず、自由に経済活動を展開して富を得たい人びとにより求められていたのが、自由主義という思想だったのだ。

自由に経済活動を行うには、絶対王政権力に関係なく、人間が生まれながらにして生きる権利をもち、そのために自己の身体を自由に用いて財産を得る自然権をもっている、という思想の出来が待ち望まれていたのだ。ロックは、それを見事に自らの思想により定式化してみせたのである。

こういう背景があるために、ロックは実際、「絶対王政というものは、ある人々からは世界における唯一の統治体だと見なされているにもかかわらず、政治社会とはまったく相容れず、政治的統治のいかなる形態でもありえない」と絶対王政を激烈に批判している（ロック二〇一〇、三九六頁）。こうした非難がたたってか、ロックはオランダへ亡命せざるをえなくなった。そしてのちに、名誉革命の際、新王妃とともにイギリスに凱旋（がいせん）している。人間は、平和の裡に暮らすよう神から要請された自然法にもとづいて、自由で平等な自然権が与えられている、というロックの自然権思想は、神から人間へと権利が拡張されるかたちとなっている。それゆえ神から王ひとりのみに権利が授けられるとする王権神授説と対立したのは、なにも偶然ではなかったのである。

当時のこうした時代背景に関連して、竹内章郎は次のように指摘する。「政治上での自由主義とは、簡略には、『自由市場（自由放任）経済』および市場における自由競争とその参加者〜中略〜を前提に、こうした市場の模写もしくは擬制として考えられた政治思想および政治体制である」。だからこそ、自由主義は「自由市場経済の主要な動きを左右しうる資本家などの『強者』とそうではない庶民・人民などの『弱者』とを、ほぼ自動的に国家統治における支配者と被支配者とする制度」であった。実際、イギリスの議会制度は、一九世紀に至っても「市場競争で支配的地位を占めうる名望家たち、上層一万人のものでしかなかった」。そのため「自由主義においては、市場での自由競争に擬して設定された政治的自由競争も、こうした名望家たちの間での自由競争であり、また市民的権利および政治的権利の平等なども名望家たちの間でのことでしかなかった」（竹内二〇〇一、三五頁）。それゆえ、アメリカの植民地経営に参画し、国内のホームレスを差別していたロックが、人間なら誰もが等しく生きる権利をもつという見方を採れていないのも、人間の自由と平等の前提となる自然権が一部の人びと（名望家）のものでしかない以上、論理的にはまったく矛盾していないのである。

こうした内実から、自由主義が、すべての人の自由と平等を基礎とする民主主義と論理的に重なり合っていないという重大な事実が浮き彫りになる。竹内が紹介している後藤道夫の研究のなかで言及されているとおり、実際「一九世紀半ばまでのヨーロッパの支配的な世論においては、『民主主義』は下層の人民による統治、危険な『デモス』の支配を意味し」た（後藤一九九七、一一五〜一一六頁）。自由主義の主体である名望家にとっては、財産をほとんどもたない労働者や女性が政治に参画すれば、自分たちの地位が相対的に低下していくのは必定だからである。

では、自由主義と民主主義とがドッキングした自由民主主義思想であれば、「世界=経済」システム下で周辺化された地域と、そこで暮らす人びとの状況とが改善されるような見方を示してくれるのかというと、ことはそう単純ではない。自由民主主義の哲学にもまた、「文明と野蛮」図式の影がちらついて見えるからである。そこで次節では、この問題点について考察してみよう。

4 自由民主主義の限界

◆ミルの自由論にみられる「文明と野蛮」図式

さまざまな矛盾を抱えつつも、すべての人びとが自由をもつ存在として平等に扱われるようになる自由民主主義社会の到来は、二〇世紀まで待たなければならなかった。その前の一九世紀は、奴隷解放闘争、資本階級と労働者階級との闘争、女性の権利の獲得闘争などを通じて、虐げられていた人びとの権利が、一進一退を繰り返しながら次第に受容されていった時代だったといえる。

いくたびか逆転しながらも、自由は勝利を重ねてきた。この戦いのうちに、多くの人びとは死んだ。抑圧に抵抗する戦いに死ぬことは、自由無しに生きるよりもましだと固く信じながら。(フロム一九五一、一〇頁)

こうした観点からいうと、少数者の政治的な権利を謳い、自由民主主義の思想的基盤を整えた一九世紀イギリスの哲学者ジョン・スチュワート・ミルの功績は計り知れない。

ミルはこう考えた。人間は、誰もが幸福追求権をもっていて、自分の夢を実現するためにあらゆることを為す自由がある。だから、一人ひとりの趣味や嗜好も違っていいし、思想や良心の自由は最大限尊重されねばならない。それゆえ国家権力に許されるのは、そうした各人の自由が奪われそうな場合にのみ、他者の自由を侵害する者を罰することだけだ。国家はけっして、思想や宗教を人びとに強制してはいけない。それゆえ自由民主主義国家は、特定の思想や宗教だけを強制するようなことのない「中性国家」でなければいけない。このようにミルは、人間一人ひとりの自由は、あらゆる権力の呪縛から解き放たれ、最大限に尊重されねばならないというのだ。そして次のように強調する。

個人の行為において、ほかの人にかかわる部分についてだけは社会に従わなければならない。しかし、本人のみに関わる部分については、当然ながら、本人の自主性が絶対的である。自分自身にたいして、すなわち自分の身体と自分の精神にたいしては、個人が最高の主権者なのである。

（ミル二〇一二、三〇頁）

ただし、社会には、たとえば幼少期の子どものように絶対的な保護が必要な人もいる。それゆえ「この原則は、成熟した大人のみ適用され」、「まだ世話が必要な未熟者には、外部からの危害にたいしても、本人自身の行動にたいしても保護が必要なはずだ」という（同前書、三一頁）。

ここまでは、とても納得できる立論となっている。けれども、この文章には、次のような驚きを禁じえない文章が続いていているのだ。

同じ理由により、民族そのものが未成熟だと考えられる遅れた社会も対象から除外してよいだろう。こうした民族も成長の初期にきわめて大きな困難にぶつかる。それを克服する手段には選択の余地がほとんどない。改革の精神にあふれた統治者は、その目的を達成する手段がそれ以外になさそうなら、どんな手段を用いてもよいのである。野蛮人を進歩させるのが目的であれば、野蛮人にたいしては専制政治が正当な統治方法なのである。手段は目的の実現によって正当化される。（同右書、三一頁）

つまり、文明の側から見て野蛮だと認定された人びとなら、自分たちが教導し進歩させるために手段を選ばなくてもいいのだ、専制政治を採用したって許されるのだ、といっているのである。この文章を読むたび「ミルよ、おまえもか！」とつい叫びたくなってしまう。なぜなら、この文章は、端的にいえば、自由民主主義にもまた、自由主義から受け継いだ「文明と野蛮」図式が色濃く反映されている証左だと指摘できるからである。

◆いまでも続く「文明と野蛮」図式

加えて驚かされるのは、自由民主主義が多くの国で政治制度として採用されている二一世紀のいまでも、どうやら「文明と野蛮」図式が作用し、「文明」の側に効用をもたらしているという事実である。たとえば二〇〇三年、頼みにしていた大量破壊兵器が見つからないなか、ブッシュJr.大統領の口から発せられたイラク侵攻の理由は「イラクの人びとに自由と民主主義をもたらす」というものであった。また、ハイチ共和国の大統領選挙の結果は、アメリカをはじめとした先進国の意向を反映させるかたちで介入が行われた。(注9) これらの歴史的事実は、民主主義国であり進んだ「文明」の側なら、遅れた「未開」の国に介入してもいいのだ、という前提があったからこそ可能だったといえるだろう。

あるいは、現代帝国主義の第二段階の始まりと軌を一にして、新自由主義思想が強権的な方法で周辺国に押し付けられていった。ナオミ・クラインが『ショック・ドクトリン』で描いているように、一九七〇年代、新自由主義革命の実験地とされたのは、アメリカの意に反して社会民主主義的な改革が成功しつつあった南米諸国であった。チリでのアジェンデ政権の転覆を皮切りに、多くの国で軍事クーデターによる政権転覆が「文明」により水面下で後押しされ、その結果として貧富の差が拡大しても、なんら手当てがなされないという暴力的な革命であった。(注10)

イラク戦争の背後にはオイルへの欲望が、ハイチ共和国の内政干渉には社会民主主義改革の妨害と構造調整プログラムの強要という欲望が、南米での新自由主義改革には多国籍企業の利益の維持という欲望が、すなわち帝国側の商業的な意図が潜んでいたにもかかわらず、これらの介入はいずれも「文明」が「未開」を教導するという御旗をまとって行われた。これらの現実からも、ホブスンの指摘（本書六九〜七〇頁）がいかに的確だったかがわかる。

だが歴史は、このように中核諸国の側が自分たちの利益を優先するがゆえに「文明と野蛮」図式を採用し続けたとしても、本当に困っている国の内政問題はいつまでたっても解決しないという結果を如実に示している。その象徴ともいえる場所が、第一章、第二章で考察してきたコンゴ民主共和国とハイチ共和国だといえるだろう。加えて、「文明と野蛮」図式を色濃く残す国際社会の支援策は、およそ五世紀にわたる経済のグローバル化の歴史のなかで、帝国の側が「そもそも自分たちが開発途上国の混乱の原因をつくってきたのでは」という点を忘却しているのもまた大きな問題だといえる。だからこそ、本当に必要とされる支援がなされず、無理な政策が押し付けられ混乱してしまうのだ（実際には現代帝国主義の中核諸国を利するという「成功」がもたらされているのだけれども）。

5　解決されるべき最重要課題――周辺をなくす

では、こうした「文明と野蛮」図式のもと、海の帝国の海外進出以来、五世紀あまりの時間をかけて現代帝国主義へと形を変えて続く帝国の歴史が生み出してしまった、早急に改善されるべき課題は何だろうか。それは、いまだに遅れた地域というレッテルを貼られ、それゆえに困難な状態から抜け出せない「周辺」地域が主体的に活動できるような支援策や思想の創造であろう。

そのためには、「世界＝経済」のなかで周辺化され、モノカルチャー経済を強いられていった地域が、はじめからグローバル経済のなかの周辺だったわけではない、という当たり前の事実を何度でも確認する必要がある。現在では、「世界＝経済」のなかの周辺と位置づけられている地域にも、かつては独自に花開く文化が、人びとの息づく生活があったのだから。

コンゴでは、一〇〇年以上前、奴隷として働かされた人たち、奴隷として連れていかれた人たちのコミュニティにも独自の文化があったはずである。いま、資源の採掘現場とされ、生活の場を追われたコンゴ東部の人たちにも、かつて住んでいた村々それぞれに独自の文化があったはずである。

ハイチでは、滅亡させられたタイノ族の人たち独自の文化が、四〇〇〇年以上前には存在したに違いない。多くの帝国が滅ぼされたアメリカ本土にも、たとえば固く干したじゃがいもを貨幣とする地域があった（山本二〇〇八）ように、各地で独自の文化が花開いていたに違いない。

しかし、そうした独自の生き方や文化をもった諸地域の一部が、拡張してきた資本主義経済と接点をもつうちに、中核諸国が求める資源をもっぱら生産する地域へと、そしてその労働力を供給する地域へと貶（おとし）められていった。つまり、「世界＝経済」システムにおける周辺域とは、世界的な分業体制が拡大していく時代状況のなか、中核諸国の圧倒的な軍事力に屈するかたちで周辺化させられていったところなのだ。問題は、そうして周辺化されていった国や地域が、いまだに、中核に有利な国際ルールを押し付けられて、なかなか自律した社会を形成できないようにされているという現実である。だとしたら、そうした地域が脱周辺化し、あらゆる国や地域が互いに多様性を尊重しあえるような国際的なガバナンスへの変革と、それに資する社会思想が必要となってくるだろう。

ここで、その内実を簡単に素描してみるならば、次のようなかたちになる。自国で生産できる食料や資源はなるべく自国で賄い、自国で生産できない、あるいは足りない食材や資源だけをグローバルに融通しあう。その際、食料や資源は、なるべくローカルで生産し、それが難しければナショナルのなかで融通し、それも難しければリージョナル（ヨーロッパ共同体やアフリカ連合などのような規模）で補い合い、それも難しい資源に限ってグローバルに取引する。このように、コミュニティを軸とした交易や交流を基本とするガバナンスにしていけば、安価な資源に頼るあまりモノカルチャー経済を「周辺」域に押し付けてきた五〇〇年余の歴史を転換することができそうだし、また、資源の移送に伴うオイルの浪費によって、まったなしの気候変動を昂進させてしまっている現状を改善することもできるだろう。それゆえ、「周辺」地域が脱周辺化し、あらゆる国や地域が互いの文化の多様性を尊重し認め合うための、これからのガバナンスの基本単位は、自律した〈地域コミュニティ〉になっていくと推察される。この際、こうしたガバナンスのなかで生きる個人は、本章で考察したロックとミルの思想の肯定的な部分、すなわち、幸福追求権にもとづく自由とその意味での平等の権利を奪われてはならない、という点も強調しておきたい。

このような個の自由と平等を重視したうえでの重層的ガバナンスを考察するにあたっては、エコ・ソーシャリズム、ソーシャル・エコロジー等の環境思想やコスモポリタニズムに共通する視座がヒントになると思われる。また、重層的なガバナンスのなかで生き、互いに支えあう主体を考えるうえでは、アントニオ・ネグリとマイケル・ハートの〈帝国〉論に出てくるマルチチュードの思想が参考になると思われる。そこで第Ⅱ部と第Ⅲ部では、これらの点について深めるため、日本の高度成長のもとで犠牲になった地域を事例として取り上げつつ、これからのよりよいガバナンスと、そこで生きる人間のありかたについて考えてみたい。

【注】

（注1）クラウディア・フォン・ヴェールホフ一九九五、二九一頁。

（注2）ただし、アメリカ先住民を討伐する側のなかから、正義感によりネイティブ側について闘う人びとも少なからず存在した（たとえば、藤永一九九一など参照）。ただし、そうした動きは少数であり、ネイティブアメリカンがいのちを狙われ、土地を失っていく流れを押しとどめることはできなかった。

（注3）もちろん、どのようなかたちでの出会い方であれ、文化と文化が融合し、いまにいたるまで肯定的なものとして受容されることもある。ムクウェゲ医師の言葉を引用したい。「私はよく、『〝神〟というものは宣教師たちによってアフリカにもたらされ、私たちアフリカ人に押しつけられた』という主張を耳にする。私はそのような歴史の解釈には反対で、むしろこう主張したい――『宣教師たちが福音と〝全能の神〟という基本概念を携えてアフリカ大陸にやってきたとき、アフリカにはそれを受け入れる土壌があったのだ』と。というのも、宣教師たちが伝えたメッセージはアフリカの人々にとってなじみのあるものだったからだ。〝人々を守り、来世の人生を約束する父なる神〟という概念はアフリカ大陸に太古から存在していた。部族や民族集団のほとんどで、たとえ呼び名や姿形は違っても、〝神〟が信じられていた」（ムクウェゲ二〇一九、九九〜一〇〇頁）。

（注4）「自然状態はそれを支配する自然法をもち、すべての人間がそれに拘束される。そして、その自然法たる理性は、それに耳を傾けようとしさえすれば、全人類に対して、すべての人間は平等で独立しているの

だから、何人も他人の生命、健康、自由、あるいは所有物を侵害すべきではないということを教えるのである。というのは、人間が、すべて、ただ一人の全能で無限の知恵を備えた造物主の作品であり、主権をもつ唯一の主の僕であって、彼の命により、彼の業のためにこの世に送り込まれた存在である以上、神の所有物であり、神の作品であるその人間は、決して他者の欲するままにではなく、神の欲する限りにおいて存続すべく造られているからである」(ロック二〇一〇、二九八〜二九九頁)。

(注5)ロックはあまり自然権という言葉を使っていない。しかし、人間の自然権を守るという社会契約の前提から考えると、ロックの議論においてはProperty が人間の自然権ということになる。この点について、ロックの哲学を長年研究している三浦永光は、「自己保存の権利は、『自然状態』において妥当する『自然法』から導き出されるのであるから、これを人間の『自然権』と呼んでも差支えないであろう」(三浦一九九七、二五頁)と指摘している。本書では、三浦のこの見解にもとづいて考察を進める。

(注6)この点について、城塚登はわかりやすい表現をしている。「ロックの論理は、自己の肉体・身柄の所有権→肉体の活動である労働の所有権→労働の成果・生産物の所有権という筋道をたどっているわけであり、その背後には、あらゆる富・価値を生み出す源泉は労働であるという考えが潜んでいる」(城塚一九六〇、一四七頁)。

(注7)関連して、植村邦彦は「彼(ジョン・ロック(著者注))の収入の大部分は、植民地関係公務員としての仕事と植民地への投資とからもたらされた」というアメリカの歴史家ハーマン・ルボヴィクスの言葉を紹介している。また植村は、あのホッブズも、家庭教師をしていた第二代デヴォンジャー伯が植民地建設のため立ち上げた「ヴァージニア会社」の株を譲り受けていたと指摘する(植村二〇一九、一七頁)。

(注8)浜林正夫は、ロックがホームレスをどのようにまなざしていたか、ロック自身の言葉を紹介している。「貧民の増加と彼らを維持するための税の増大とは疑いえないほど広く認められ、苦情の種となっている。〜中略〜この弊害の原因をよく見てみると、それが食料の不足や貧民の働き口の不足から生じているので

はないということがわかると思う。～中略～したがって貧民の増加には別の原因があるに違いない。それは規律の弛緩と風習の退廃以外にはありえない。悪徳と怠惰が一方でいつも結びついているように、他方では美徳と勤勉がいつも結びついているのである」（浜林一九九六、二一五頁）。

（注9）尾尻希和によると、米国の利害によって大統領選の結果が操作され、決選投票から外したい候補を二位から三位になるよう結果が改竄されるなどし、国民の政治への信用が失われていることも、ハイチがなかなか政治的な困難を解消しえない原因になっている（尾尻二〇一八、六一～六二頁）。

（注10）この点に関連して、コスモポリタニズムの主要な論者であるデヴィッド・ヘルドは「すべての経済的取引は、すべての個人が合法的政治関係に加わる権利を尊重し、コスモポリタンな民主主義の広範な枠組みを支持するような形で行われなければならない」と指摘する。それゆえ企業もまた「表立ってであれ秘密裏にであれ、人民の政治的選択を損なうような活動に関与すべきではない」と強調する。そして、このような具体例として「北米企業が一九七三年にチリのアジェンデ政権を倒すよう共謀したことや、多くの企業が行っているように、自らの利益に好都合な選挙結果を確保するために（典型的には中道右派の）政党に資金を供与することなど」をあげている（ヘルド二〇〇二、二九〇頁）。

【文献】

植村邦彦（二〇一九）『隠された奴隷制』集英社新書
尾尻希和（二〇一八）「政治――政治体制比較と政治発展過程」、山岡加奈子編『アジ研選書48　ハイチとドミニカ共和国――ひとつの島に共存するカリブ二国の発展と今』第2章、アジア経済研究所
後藤道夫（一九九七）『講座現代日本2　現代帝国主義と世界秩序の再編』大月書店
竹内章郎（二〇〇一）『平等論哲学への道程』青木書店
城塚　登（一九六〇）『近代社会思想史』東京大学出版会

浜林正夫（一九九六）『イギリス思想叢書4　ロック』研究社出版
藤永　茂（一九九一）『アメリカインディアン悲史』朝日選書
三浦永光（一九九七）『ジョン・ロックの市民的世界――人権・知性・自然観』未来社
渡辺憲正（二〇一三）「『文明と野蛮』の図式」関東学院大学経済経営研究所年報35集
山本紀夫（二〇〇八）『ジャガイモのきた道――文明・飢饉・戦争』岩波新書
E・フロム（一九五一）『自由からの逃走』日高六郎訳、東京創元社
D・ヘルド（二〇〇二）『デモクラシーと世界秩序――地球市民の政治学』佐々木寛・遠藤誠治・小林誠・土井美穂・山田竜作訳、NTT出版
P・L・カサス（一九七六）『インディアスの破壊についての簡潔な報告』染田秀藤訳、岩波文庫
N・クライン（二〇一一）『ショック・ドクトリン――惨事便乗型資本主義の正体を暴く』（上・下）幾島幸子・村上由見子監訳、岩波書店
J・ロック（一九六八）『市民政府論』鵜飼信成訳、岩波文庫
J・ロック（二〇一〇）『統治二論』加藤節訳、岩波文庫
A・メンミ（一九九六）『人種差別』菊地昌実・白井成雄訳、法政大学出版局
D・ムクウェゲ（二〇一九）『すべては救済のために――デニ・ムクウェゲ自伝』加藤かおり訳、あすなろ書房
J・S・ミル（二〇一二）『自由論』斉藤悦則訳、光文社古典新訳文庫
M・ミース、C・V・ヴェールホフ、V・B＝トムゼン（一九九五）『世界システムと女性』古田睦美・善本裕子訳、藤原書店
E・M・ウッド（二〇〇四）『資本の帝国』中山元訳、紀伊國屋書店

コラム 1

少しのガマンが環境破壊を緩和する？消費と生産との表裏一体性

生産性を向上させた分業の進展は私たちに便利な生活を与えてくれた。だからそれ自体が悪いとはいえない。問題は、グローバル化した分業体制のなかで、商品の原料を生産する周辺部と、商品を加工する中核部との経済格差が注目されず、周辺部で原料の生産に従事する人びとの多くが苦難から脱け出せない点だ。

「消費は生産を二重に生産する」というマルクスの思想に、この点の改善につながるヒントがある。

マルクスは「二重の生産」の第二の視点として、新しい生産物を欲する消費者の側が、生産する側にも、生産のための新たな衝動をつくり出すという（マルクス一九五六、二九九頁）。普通に考えると、生産の側が魅力的な消費材を創造し、消費者の側に「新型のものが欲しい！」という欲望を呼びさますと考えられるけれども、マルクスはその逆もあるといっているのだ。

ケータイを例に考えてみよう。いまではいろんな機能が付いているケータイも、最初は電話機能だけだった。簡単な文字の交換ができるようになると、たちまちメール交換機能が発達した。さらに、ケータイでもネットが見たいという消費者の欲求が高まると、簡単なネット機能が付き、スマホに至ってはPCと変わらぬほどになった。これは、消費の側が生産の側に開発への衝動を与えてもいた一例だといえよう。

このことをマルクスは、消費する側が「〔生産の〕目的を規定する欲望として生産者にうったえることによって、生産者の計画を生産する」（同上書、三〇一頁）とも表現している。この言葉を誤解を恐れずに換言するなら、消費者側からの欲求は、それに応えようとする生産者の側に、どうすれば消費の段階で人びとに喜んでもらえるかを考えながら生産するよう方向づけることも往々にしてある、という指摘にほかならない。

もし、ケータイの増産に併せ増産が要請されるであろうタンタルの採掘現場で苦境にあえぐ人びとの姿を想像できるとしたら、私たちの多くが新たな消費の欲求を抑え、少しでも更新を遅らせれば、生産の側に生産過程での人権侵害についての再考を迫り、より多くの〈いのち〉を守る未来が実現できるかもしれない。

【文献】 マルクス（一九五六）『経済学批判』武田隆夫・遠藤湘吉・大内力・加藤俊彦訳、岩波文庫

第Ⅱ部

〈帝国〉の論理に抗う人びと

第Ⅰ部では、一見すると我々と関係ないように思える遠い国での紛争やコミュニティの破壊が、実際には、帝国の構造のもと、私たちの暮らしと密接に関係しているという側面を明らかにした。

第Ⅱ部では、そうした構造を伴いつつ拡張してゆく「世界＝経済」システムのなかで周辺化させられた〈地域コミュニティ〉を自律へと導き、構造的暴力を縮減させていく能動的主体は存在しうるのか、存在するとしたらどのような特徴をもっているのか、という点について考察を進める。具体例としては和食の根幹をなす大豆に焦点を当てる。なぜなら、大豆の自給率低下を補うべく日本のＯＤＡにより農地開発が進められてきた国々でみられる抵抗運動には、〈地域コミュニティ〉を基盤とした民主的なグローバル・ガバナンスを築いていくうえで必須となる、能動的な人びとのありかたに関する示唆がたくさんちりばめられているように思われるからである。

そこで第Ⅱ部では以下のように考察を進める。第四章では、大豆にまつわる海外での農地開発が、私たちの食を守る役割を果たしつつも、ブラジルで帝国主義の関係を生み出し、モザンビークでその関係性を生み出しかねなかったという問題点について概観する。第五章では、モザンビークでの農地開発を中止に追い込んだ社会運動が小農の何を守ったのか、明らかにする。第六章では、前二章での考察をふまえ、モザンビークでの大規模農地開発を「終了」させた人びとの運動から浮き彫りになってくる、民主的なグローバル・ガバナンスをつくる能動的な主体のありかたについて探っていく。

こうした第Ⅱ部での考察が終わる頃には、改善の道すじがなかなか見えない私たちの加害者性が、対等な関係性へと変化していく希望がもてる、そんな考察を進めていきたい。

第四章

私たちの食が〈いのち〉を奪っているかもしれない？
――セラード開発とプロサバンナ計画の内実から考える

「伝統」とは、つねに過去の一面ではなく、現在の一部であり、過去が生んだものではなく、現在がつくり出すものである。このことは当時も真理であったし、いまもまた真理である。(注1)

イマニュエル・ウォーラーステイン

1　和食は自然を尊重している？

◆和食の定義

和食ときくと、私たちは懐石料理をイメージするけれども、実際には日本発の食文化にはかなりの奥行きがあるので、いったいどこまでを和食という概念でくくればよいのかわからなくなる。ときに懐石料理の鍋のメニューに組み込まれるすき焼きは、明治時代初期の欧米化の流れで生まれた牛鍋がルーツである一方で、一見すると中国あたりから伝わったようにも思えるとんこつラーメンが九州発祥であったりするからである。でも、懐石料理を彩ろうとそうでなかろうと、ルーツがどこであろうと、すき焼きもとんこつラーメンも、れっきとした日本発の食文化である。

では、二〇一三年に登録されたユネスコの世界無形文化遺産で「和食」はどう定義されているのだろうか。河上睦子のまとめたわかりやすい概要を見てみよう（河上二〇一五、一九〜二〇頁）。

☆提案の名称　「和食：日本人の伝統的な食文化——正月を例として」

☆提案の内容

〈定義〉「自然の尊重」という日本人の精神を体現した、食に関する社会的慣習として。

〈内容〉①新鮮で多様な食材とその持ち味の尊重

②栄養バランスに優れた健康的な食生活

③自然の美しさや季節の移ろいを表現した盛りつけ

④正月行事などの年中行事との密接な関わり

☆主な提案理由

「和食」とは、四季や地理的な多様性における「新鮮で多様な食材の使用」、「自然の美しさを表した盛りつけ」などといった特色を有しており、日本人が基礎としている「自然の尊重」という精神にのっとり、正月や田植、収穫祭のような年中行事と密接に関係し、家族や地域コミュニティのメンバーとの結びつきを強めるという社会的慣習であることから、「無形文化遺産の保護に関する条約」（無形文化遺産保護条約）に定める「無形文化遺産」として提案した。

「正月」というキーワードはとりあえずおいておき、和食が、「自然の尊重」という基本的な精神のもと、「地域的な多様性」をもつ「新鮮で多様な食材」の「持ち味を尊重」した「健康的な食生活」だという提案内容と、和食が「家族や地域コミュニティのメンバーとの結びつきを強めるという社会的慣習」につながるという部分から、私は、幼少期の田舎で過ごした日々を思い出していた。

◆人や自然とつながる〈地域コミュニティ〉

小さい頃、かつお節の産地として有名な鹿児島県枕崎市の山手にある祖母の実家の農村で長期休暇を過ごすのが、年中行事のひとつになっていた。ところが、小学五年生だった一九八九年の夏、帰省中に腹膜炎を発症した私は、枕崎市内にある病院の一室で、街並を眺めながら、〈早く退院して、またあの野山を駆けめぐりたいな〜〉という思いをつのらせていた。長期休暇中の帰省は、学校の友だちと遊べなくなるという欠点はあったけれども、いざ退屈な入院生活を強いられると、ちょっとした谷あいにある田舎での楽しい日々が、脳裏から離れなくなってしまったのである。

ゴールデンウィークには、亡き曾祖父の家の裏山で小桟竹（こさんだけ）のタケノコをもぎ、ツワブキやワラビなどの山菜を採り、鈴なりのビワの実を取り、たくさん実っている梅の実を収穫する。梅は、祖母がひとり田舎に残って、大きな壺のなかにシソの葉とともに漬け込んでゆく。裏山から採ってきた山菜は、祖母の手によって美味しい佃煮などの料理に変わっていく。ビワや小桟竹、漬け込んでできあがった梅干し、山菜の佃煮などは、自宅に戻ったときのご近所、あるいは田舎のご近所へのおすそわけの品に早変わりする。お返しに、ご近所から野菜や果物をもらったりする。

だから、鹿児島という地が育んだという意味で「地域的な多様性」の一角を担い、しかも季節ごとに育つ新鮮な食材が、健康な食生活につながり、しかも地域コミュニティの結びつきを強める役割を果たす、という和食の定義は、自分の経験に照らしてみても、しっくりくる部分である。

夏休みには、緑色に染まった階段状の田んぼがそよ風に揺れる。田んぼの水の供給源である小川から「昔はよくウナギやカニが取れたんだよ」という話を祖母から聞いては、自分もウナギと格闘してみたかったと悔しがった。その小川に向かって流れ出る曾祖父の家の軒先の湧水は、石組みの隙間からときおり顔をのぞかせるサワガニと戯(たわむ)れる格好の遊び場だった。

いまでは、子どもの時分よりもずっと、田舎での思い出がキラキラと輝いている。若い頃は、大人たちがよくいう「田舎に帰りたい」という言葉の意味がわからなかったけれど、あの頃の体験は、自分の考え方や性格を形づくるアイデンティティの一部だったんだと、いまさらながらに思い知らされる。

◆失われていった地産の食材

でも、私がそのようにノスタルジーを覚える田舎の風景は、一九八九年の時点ですでに、祖母の若い頃のそれとは似て非なるものになっていた。どういうことか？

かつて小さい時分の祖母がカニやウナギと格闘した小川は、私が小学生の頃にはすでに「土石流危険渓流」に指定され、コンクリートの三面張りになっていた。しかも、山の上の森が切り拓かれ、一面の茶畑になっていたから、保水力を失った上流林からの水量も微々たるものになっていた。加えて、茶畑に散布される農薬も流れてくるから、小川からは生き物の気配はしなくなっていた。

季節を彩る山菜や果実は、かけがえのない地の食材として、私たちの舌を満足させてくれた。けれども、壺のなかへ梅の実と一緒に漬け込む塩、小桟竹の味噌汁に入れる味噌、ツワブキを煮込むときの醤油や砂糖は、スーパーで購入したものだった。

祖母が若い頃は、さすがに塩や砂糖は購入していたようだけれども、味噌や醤油は原料である大豆の栽培から始め、作っていたという。つまりは、同じ〈地域コミュニティ〉のなかであっても、一軒一軒、調味料の段階から味の違う多様性があったのだ。けれどもいまでは、スーパーで販売されているメーカーの数だけ味噌や醤油の多様性があるとはいえても、それを各家庭で作っていた頃の多様性とはとても比べものにならない。ましてや、醤油や味噌の原料である大豆は、三〇余年前の段階ですでに自給率が一割を切っていて、ほとんど海外産のものに置き換わっていた。つまり、祖母の若い頃から私が小学生になる頃までの、わずか半世紀ほどのあいだに、戦後の高度成長もあって、家庭で消費する食料や調味料の多くが、自家製のものから、海外の原料を使った商品へとグローバルに拡張したのだ。ここからは、岡田知弘がいうように「高度成長期以降の貿易立国路線のなかでの農林業の衰退に加え、一九八〇年代後半以降の経済のグローバル化は、国内における都市と農村との間の食料やエネルギーをめぐる物質代謝の内的連関性を急速な勢いで切断しながら、海外の『農村』と国内都市（および国内農村〔挿入筆者〕）とのグローバルな物質代謝関係を形成し」ていった様子がうかがえる（岡田二〇一一、二五頁）。

◆尊重した自然からの恵みである、新鮮な食材の多様性？

だから、もしいま、国内各地で育まれる季節ごとの食材を、食事のたびに用意しようとしたら大変なことになる。自給できている品目以外の食材で、養殖ではない天然ものを揃えようとすると、希少性が高すぎて値が張るからである。そんなことができるのは、自給暮らしの農家か、かなり高所得の世帯だけであろう。実際は、ユネスコへの提案内容のタイトルにある正月料理だけ用意することすら難しい。だから、和食の定義を毎日律義（りちぎ）にこなそうとしたら、きっと家計がパンクする。

では、私たちがふだん食している安価な食材は、どこからやってきているのだろうか？

それはもちろん、海外からである。でも、海外で生産された食材がすべて「自然を尊重」[注2]できているわけではない。現実の問題として、私たちは、海外で違法に捕獲された海産物、プランテーションに低賃金で縛りつけられた（児童）労働者が作ってくれたカカオや果実などを食している。[注3]一方で、国内では耕作放棄地がどんどん増え、景観を破壊している。私が過ごした田舎もまた、かつて走り回った田んぼに青いイネが実らなくなってからかなりの年月が経つ。

そういう現状があるので、私は、「『自然の尊重』という日本人の精神を体現した、食に関する社会的慣習」という和食の定義に、経験上シンパシーを覚える一方で、どうしても納得がいかない思いも拭えずにいる。もしも本当に自然を尊重する姿勢が日本における基本的な精神だとするなら、海外で自然を破壊しながら生産されている食料があるという現実は、誰にとってもムズムズして捨て置けない事実となるはずだから、大問題になっていないとおかしい。でも実際には、そうした現実が社会の主要な関心事となり、問題が改善の方向に向かっている、とはいいがたい。自然を尊重する精神が社会の根本原理としてもともとあったのだとすれば、そもそも高度成長期の公害だって起きなかったであろう。さらに、農家が農業だけでは暮らしていけない状況が放置され、農村の景観が破壊されているのに抜本的な対策が立てられずにいる現状もまた、ありえないはずである。

季節ごとの地の新鮮な食材を使った料理をもとに、人と人とのつながりをつくり、健康的な食生活を誰もが送れたなら、それはとても理想的な社会である。実現できたらいいなと思う。だが、実際には当面実現できそうにない。それゆえユネスコに提起された和食の理念は、現時点においてはあくまでも理想論にとどまっている。多くの人にとって実行が難しく、実際に自然を尊重できていない食材を大量に輸入している現状がある以上、和食の定義を、日本の食文化の実態と実際を示すものとして普遍化することは、残念ながら現段階では不可能である。

これが、ユネスコに提出された和食文化の申請書を見るたび、私が覚える違和感である。和食の定義が実現された社会にするには、食をめぐるさまざまな問題の解決を目指す取り組みも併せて行わなければ、せっかくの理念が絵に描いた餅になってしまう。

そこで注目したいのは、味噌や醤油、納豆や豆腐など和食の根幹をなす食材の原料、大豆である。高度成長期、大豆の自給率が下がっていくのに比して、日本で消費される大豆は海外産のものに置き換わっていった。一九七〇年代初頭にはアメリカで大豆が不作に陥ったのをきっかけに、ODA（政府開発援助）により大規模農地が開発されたブラジル産大豆が徐々に輸入幅を拡大していった。

◆本章の問いと考察

ところで、なぜ大豆の自給率は高度成長期に下がっていったのだろう？

田代洋一によると、そのきっかけは意外にも一九六〇年の新日米安保条約締結にある。正式名称のなかで「日本国とアメリカ合衆国との間の相互協力及び安全保障条約」と「相互条約」が謳われているように、両国間の経済協力も約束されたのだ。そこで日本政府は、工業製品の対外黒字を穴埋めするため、国際競争力のない農作物の生産を合理化し、海外から輸入する方針へ転換していく。この方針は農業基本法（一九六一年）で「選択的拡大」として明記され、戦後日本の農業立国の精神は薄れていった（田代一九八七、一八頁）。

新日米安保条約の締結の翌年に制定された農業基本法の第二条では「需要が増加する農作物の生産の増進、需要が減少する農作物の生産の転換、外国農産物と競争関係にある農作物の生産の合理化等農業生産の選択的拡大を図る」と明記されている。田代は、「この『選択的拡大』というメダルの裏側は『選択的縮小』ということ」になり、「選択的縮小にふりわけられる作物も拡大して」

いったという。そして「この選択的拡大＝選択的縮小路線こそ、いまにして思えば今日の日本農業不要論の農政面でのルーツ」だったと指摘する（同前書、一九頁）。和食の根幹をなす大豆もまた、一九六二年という条約締結後の最初期に自由化され、六〇年には約三〇％あった自給率が、六五年には約一二％まで低下し、七〇年に約五％を記録してから一貫して低水準を保っている。

しかし、自然の尊重という食文化をもつはずの私たちは、日本へ大豆を輸出してくれている産地で、自然を尊重した生産ができているのかどうかは不問に付してきた。恥ずかしながら私は、その事実を、二〇一三年六月四日に放送されたＴＢＳ『報道特集』の「プロサバンナ計画、誰のため？」という特集を見て、初めて知った。そしてこのとき、実は和食の根幹をなす大豆の生産もまた、ヨハン・ガルトゥングのいう帝国主義の構造をもってしまっていることに気づいた。

もしそうした構造があるとするなら、自然を尊重する和食文化をもつはずの私たちは、もっと違ったかたちでのガバナンスを構想すべきはずである。第Ⅱ部では、そんなガバナンスをつくる能動的な主体について考察するわけだけれども、本章では、予告どおり、そのための参照事例とする、日本向けの大豆生産のため行われたセラード開発（ブラジル）と、その成功を再現するという触れ込みで始まったプロサバンナ計画（モザンビーク）を概観し、その正負両側面をまとめることにしよう。

2 セラード開発

戦後、アメリカと並んで日本に大豆を供給してきたブラジルでの農地開発は、不毛とされたサバンナ地帯であるセラード地域に大農場地帯を生み出したことから、開発を主導してきた人びとによって成功体験として語られている。このセラード開発を主導した組織が、のちにＪＩＣＡとなった。(注4)

そのＪＩＣＡで長年ブラジルでの農地開発に貢献してきた本郷豊と細野茂雄(二〇一二)によると、五八〇〇万ヘクタールの面積のうち六六％がセラードを占めるミナスジェライス州(以降「ミナス州」と記述)は、「鉱山に恵まれる」という意味のとおり工業が盛んで、粗放型の酪農でも有名だったが、戦後あらたな産業の振興が課題となっていた。そこでパシェッコ知事(当時)が目をつけたのは、ミナス州の鉄鋼業の振興に尽力してくれた日本であった(本郷・細野二〇一二、五四頁)。

◆開発の出発点

ブラジルには日系人が多く住むことで知られているが、その起原は、ブラジルで奴隷制が廃止されてコーヒープランテーションの労働力が必要となり、日本からも移民が向かった一九世紀末までさかのぼる(同右書、六〇頁)。その後、サンパウロ州やパラナ州を拠点に農業経営を拡大していった日系人が農業協同組合「コチア」を設立し、サンパウロ市の青果市場の最大出荷量を誇るまでになっていた。州の農務長官はそんなコチアに技術協力を要請する。ミナス州のアルトパラナイーバ台地を大規模な農地へと生まれ変わらせる開発計画を提案したコチアのイノウエ・ゼルバジオ会長とパシェッコ知事が、一九七二年四月に合意した「アルトバラナイーバ地域計画植民事業(パダップ)」が「セラード農業開発の出発点である」(同前書、五五頁)。

◆開発のきっかけ

ところで、なぜ日本は、ブラジルで大豆生産のための開発協力を推進したのか。その背景には、本郷・細野も指摘しているとおり日本を襲ったニクソンショックがあった。それは、日本への大豆禁輸をニクソン大統領が宣言したダイズショックである。(注5) 一九七一年は、天候不順により、まさにいま紛争の起こっている黒土地帯も含めて、世界的に大豆が不作の年であった。それゆえ飼料となる大豆油の搾りかす(ダイズカス)の価格が高騰し、世界的な大豆不足に陥った(同右書、七二頁)。より正確にいえば、アメリカの穀物商社が、自国内の大豆が不足しているにもかかわらず、同じく大豆不足に陥っていたソビエト連邦(当時)に輸出したため、日本に輸出している場合ではなくなったというのが真相だった(注6)(田代一九八七、三〇頁)。

しかし、当時の日本では、先述のとおり大豆の自給率はすでに下がっていて、国内需要を賄えない状況にあった。アメリカ以外から調達し、のちの石油ショックのような混乱は回避できたが、和食の根幹をなす重要穀物の安定供給は、日本政府にとって農政上の最重要課題となったのである。

◆開発の「成功」

そうした状況を受けて一九七四年に行われた、カイゼル大統領（当時）と田中角栄首相（当時）との日伯首脳会談では、日本の政府開発援助（ODA）によって大々的にセラード開発を進める方針が確認された。そうして開発された農地での栽培が標榜されたのが、大豆であった。

日本とブラジルの技術者や農家、農業組合、行政、生産会社（日本側出資の「日伯農業開発協力株式会社［カンポ社］」）など、計画にもとづくアクター間の協力と努力が積み重ねられていった結果、セラード開発はさまざまなメリットをもたらした。まず、日本への大豆の安定供給が実現した。[注7] 次に、開発する側によって「不毛の大地」とされたサバンナ地帯のセラード地域が、大規模農業を主体とする一大穀倉地帯へと生まれ変わった。さらに、志のある農家が農業に打ち込める環境をセラード開発が用意した。一九七六年二月に合意された「日伯セラード農業開発協力事業（プロデセル）」のもと行われたセラードのパラカツ地区への入植では、日系農家の二男、三男など農地を所有していない農家の優先的な入植という方策が採られた（本郷・細野二〇一二、八九頁）。最後に、こうした取り組みの結果、いまでは循環型の農業がブラジルで成立している点があげられる。スーパーでブラジル産の鶏肉が多く並んでいるのは、ダイズカスが飼料となり、鶏のエサになるというかたちで、ブラジルで循環型の農業が成立しているからである。[注8]

こうして「成功」したセラード開発により生産された大豆は、日本の〈食〉をおよそ四〇年にわたり守ってきた。その恩恵は、日本人としてしっかりかみしめたいと思わずにはいられない。

◆歓迎一色ではなかったセラード開発

けれども、そんな成功事例として紹介されるセラード開発には、一方で、第Ⅰ部で見てきたような現代帝国主義の影がちらほら垣間見えるのもまた事実である。

そもそもセラード開発にたいし、ブラジル側が徹頭徹尾、日本発の開発計画に協力的だったわけではない。たとえば、先に紹介した「パダップ」で活用しようとした土地は、不在地主が所有している所が多かった。ところが、ミナス州と不在地主との土地取得交渉が決裂したため、「やむなく、最終的には一九七三年に大統領令によって強制収容された」(本郷・細野二〇一二、五六頁)。でも、いくら交渉が決裂したからといって、持ち主から土地を強制収容した行為には正当性があったのだろうか? しかも当時のカイゼル政権は、軍事独裁であった。そう考えると、日本が主導する開発計画によって、強権的に土地を没収された人びとがいたという事実を拭い去ることはできない。(注9)

それだけではない。モザンビークの歴史や開発に関する研究の第一人者である舩田クラーセンさやかが紹介するヴェラ・ルシア・サラザール・ペッソアの調査によれば、「1981年、ミナス・ジェライス州では、2685農家によって16の土地闘争運動が立ち上げられ、1983年には53件、85年には65件の土地争議が発生した」(舩田二〇一四、二一八頁)。

先にあげた『報道特集』では、セラード開発の最初期に対象地となったイライ・デ・ミナスに住み、当時、入植者に土地を売ったのを後悔しているという親子の言葉が紹介されている。九七歳のジョゼ・フェレイラ・ダ・クーニャさんは、一九七九年、自分の土地の五〇〇ヘクタールを入植者に売った。息子のデルボニさんによれば、その後「すべてが壊れてしまったのです」。そして次のように言葉をつむいだ。「セラード開発が町にどんな影響をもたらすのか、町の人間は誰も知らなかったんです。実際にやってきたのは泥棒でした」。いまだったら自分の土地を売っていたかと質問されたジョゼさんは、「売らない、自分で農業をやっていただろう」と力なく語っていた。

上からの開発の「成功」の陰では、ジョゼさん親子のように、セラードの土地に適った農業を続けていられたほうがよかったという価値観の人たちがいる。けれども、セラード開発の「成功」を強調する日本政府やＪＩＣＡの公的見解のなかでは、当時、議論のなかに入れてもらえなかったそうした人びとの存在は見えてこない。船田が指摘するように「これらの住民による土地闘争は、知られなかったわけではなく、話題として意図的に避けられてきた」のだ（船田二〇一四、二一八頁）。

議論の輪のなかに入れてもらえなかった人たちのなかには、先住民族もいた。乾季と雨季とで生活の形態を変えながらセラードで暮らすナンビクワラ族の人びとである。かのレヴィ・ストロースの本から、ナンビクワラ族の生活の様子を引用しよう。

ナンビクワラ族の一年は、はっきりとした二つの時期に分かれている。十月から三月までの雨の多い季節には、集団は各々、小川の流れを見下ろす小さな耕地の上に居住する。先住民は、そこに木の枝や椰子の葉でざっとした小屋を建てる。彼らは谷底の湿地を占めている廊下状森林に焼き畑を拓くが、とくにマンジョーカ（甘いのと苦いのと）、様々な種類の玉蜀黍（とうもろこし）、タバコ、ときには隠元豆、棉、落花生、瓢箪（ひょうたん）などが栽培される。〜中略〜／乾季の始めに村は放棄され、各集団は幾つかの遊動的な群になって散って行く。七ヵ月のあいだ、これらの群は獲物を求めてサヴァンナを渡り歩くのである。獲物と言っても多くは小動物で、蛆虫、蝗、齧歯動物、蛇、蜥蜴などである。このほか、木の実や草の実、根、野生の蜂の蜜など、いわば彼らを飢え死にから守ってくれるあらゆるものを捜し歩く。（レヴィ＝ストロース二〇〇一、一四一〜一四二頁）

このようなな生活を送ってきたかれらは、土地を所有しているわけではなかった。また、入植の候補となりうる農家でもなかった。それゆえ、そもそも議論のテーブルにつけてもいない。それにもかかわらず、開発が始まる前までの生活圏が、一方的に縮小されてしまったのだ。（注10）

このように見てくると、船田がまさに指摘しているように、「『無人』だから『不毛』なのではなく、むしろ人口が少なく住民が自然と共生し暮らしていたからこそ豊かだった自然を、セラード事業は徹底的に破壊してしまった」のだ（船田二〇一四、二一九頁）。

それだけではない。開発を一緒に遂行していたはずのカンポ社や政府の意向も、計画のある部分ではかなり対立していた。プロデセルを遂行する過程で、どういった農家の移住を支援するか話し合われたとき、ブラジル政府はブラジル全土から我こそはという農家を募集すべきといい、ミナス州とカンポ社はミナス州から意識ある農家を募るべきという立場だった。しかし日本側は、日本の支援で行うのだから日系人を支援したいといって譲らなかった。そうした流れのなかで、セラード開発は日本による主権の侵害なのではないかと国会で問題視される動きも出てきた。そのような状況下で話し合われた「議事録を残さない密室的な交渉の結果、第1期入植予定者数の3分の1ずつを、日系人農家とミナスジェライス州出身農家とその他の州からの農家に、等分に配分することで決着した」（本郷・細野二〇一二、九三頁）。この密室での議論からはもちろん、ジョゼさん親子やナンビクワラ族のように、入植先にもともと住む住民は排除されていた。

セラード開発は、ブラジルの人たちがみな心から待ち望んだ計画だったわけではないのである。

◆開発の陰に垣間見える帝国主義の影

そのため、セラード開発もまた、ガルトゥングのいう帝国主義の構造が、中心国たる日本と周辺国たるブラジルとの間であてはまる事例となってしまっている（第一章四三頁の図1参照）。

まず、中心国の中心部と周辺国の中心部との利益調和関係が成立している。大豆の安定供給を図りたい日本政府やＪＩＣＡ、その政策から恩恵を受ける商社等の中心国の中心部と、産業の振興を図りたいミナス州政府やブラジル政府からなる周辺国の中心部との利害関係は一致している。

次に、中心国内での中心部と周辺部との利益不調和よりも、周辺国のなかでの中心部と周辺部との間の利益不調和関係のほうが大きいという第二のメカニズムも成立している。大豆の安定供給によって恩恵を得る中心国の周辺部に住む私たち一般市民と、大豆を安定供給させたい日本政府との間には、利益不調和の関係はほとんどない。しかしブラジルでは、セラード開発によって恩恵を受ける中心部と、開発計画によって土地を奪われたり、それまでの農業や狩猟採取による暮らしが続けられなくなったりする周辺部の人びととの間で、強度の利害の不一致が見てとれるからである。

それゆえに、中心国の周辺部と周辺国の周辺部との間に利益不調和関係がある、という帝国主義の第三のメカニズムも作用している。伝統的な暮らしを奪われたり、それまでの農業を続けられなくなったりしたセラードの人びとは、開発から恩恵を受けられない一方で、日本に住む私たちは、大豆の安定供給のおかげで食文化を守り続けることができたからである。その結果、コンゴの農家（第一章）、ハイチの農家（第二章）と私たちとの関係と同じく、セラード開発によって虐げられた人びとと私たちとの間の関係もまた、知らぬ間に加害―被害関係が成立してしまっていたといえる。

◆帝国的関係以外の弊害

セラード開発は、こういった問題以外にもいくつかの弊害をもたらしている。

まず、生物多様性保全の観点から見た弊害である。セラードは世界のサバンナ地帯のなかでも、とくに多様な生物相が見られることで知られてきた。しかし、セラード開発が遂行され、元来の生物相をもった地域が狭まってゆき、セラードの豊かな生物多様性も危機的な状況に陥っている。

したがって、「セラードの成功」を自画自賛する日本関係者が語るセラードの特徴「無人の大地」は正確ではなかった。そして、「不毛」の表現も妥当ではなかった。なぜなら、この地帯は開放性の森林とはいえ（森林サバンナ）、セラードは豊かな生物多様性に特徴づけられる自然の宝庫であったからである。（船田二〇一四、二一八頁）

ほかにも、熱帯の気候に強い大豆の品種が開発されたおかげで、アマゾンでも農地や輸送用の道路がつくられていった結果、熱帯林がさらに破壊されるという負のスパイラルも生じている。上空から見ると魚の骨のように見えるため「フィッシュボーン現象」と呼ばれる「アマゾンの森林破壊は、道路建設と相関関係になっている」のだ（本郷・細野二〇一二、二〇三頁）。

さらに、国連の「持続可能な開発目標（ＳＤＧｓ）」との関連でいえば、海外で穀物を生産し日本に運んでくる際の温室効果ガスの大量排出という問題がある。ユネスコへの和食の申請書（農林水産省仮訳、六頁）では、「（ｖ）既存の人権に関する国際的な文書、コミュニティ、集団及び個人間の相互尊重または持続可能な開発に関する要請に適合しない部分があるか」という問いにたいし、次のように回答されている。

「自然の尊重」という要素の精神は天然資源の持続可能な利用を促進するものである。例えば、～中略～地元の食材を利用することは、食材の運搬に伴う二酸化炭素の排出（フードマイレージ）をより少なくする。このように、要素は地球温暖化の防止につながるものである。

たしかに、「自然の尊重」という和食の要素が徹底され、地産地消が実現するならば、二酸化炭素の排出もまた低減されるだろう。だが、見てきたように、食料自給率四〇％のわが国の現状では、この回答はいまのところ遵守が不可能な内容である。しかも、和食の根幹である大豆の自給率が一〇％以下の現状では、なおさらである。だから、和食の理念とは裏腹に、ブラジルなどから大豆が船で運ばれてくるたび、大量の二酸化炭素が排出され続けている。

3 プロサバンナ計画

◆成功体験をアフリカでも?

このように、輝かしい「成功」の側面が強調されるセラード開発の歴史には、帝国主義の構造的暴力が作用し、同時に自然環境への負荷をかけるという負の側面があった。だが、二〇〇八年一〇月、ブラジルが開催した「第二回熱帯サバンナ国際シンポジウム」を契機として、セラード開発の「成功」をアフリカのサバンナ地帯で「再現」しようとする国策が始動した。二〇〇九年にイタリアで開催された「ライクラサミット」では日伯首脳会談が行われ、「セラード農業開発協力の実績を生かした、両国の連携による、アフリカ熱帯サバンナの農業開発」が合意された。このとき念頭に置かれていたのは、あの、ハイチの人びとを苦しめた二〇〇八年の食糧危機で穀物価格が高騰するなか、いかに世界(日本)の食料供給を安定的なものにしていくか、という視点であった。そして二〇一一年、「日本ブラジル連携によるアフリカ熱帯サバンナ農業開発協力事業」(略称「プロサバンナ計画」)として、日本、ブラジル、モザンビーク三か国の提携のもと、開発が開始された。

舩田によると、モザンビークが対象国として設定されたのは、ブラジルと同じポルトガル語を公用語として用い、しかも緯度が同程度で気候も同じサバンナであり、セラード開発の技術が応用できるから、という理由であった。また、サバンナゆえに「広大な未開耕作地」があり、耕作されている地域も「低生産性」にあえいでいるからこそ開発が必要だという理屈であった。ここには「セラードについて流布されたイメージ『広大で不毛で誰も住んでいない土地』」という、現状をきちんと把握できているとはいえない見方との「類似性が顕著」であった（船田二〇一四、一九九頁）。

◆本当は豊かな対象地域と人びとの思い

だが、モザンビークで開発対象地に選定されたサバンナ地帯は、セラードよりも肥沃な大地で、多くの人びとが自給自足型の農業をして暮らしていた。「モザンビーク開発を考える市民の会」の「現地調査に基づく提言」（二〇一三、以下「提言」）によると、プロサバンナ計画の対象地は肥沃な大地で、四〇〇〇万もの人びとが〈農〉を営み生活しているナカラ回廊周辺地域であった。

船田によると、それゆえＪＩＣＡによって開発を正当化するあらたな言説が生み出された。それは、「モザンビーク北部地域は、おおいに農耕に適しておりポテンシャルも高いにもかかわらず、現地小規模農民～中略～は農地拡大も生産性向上もできず、『粗放な』伝統農法しか知らず、宝の持ち腐れ」になっているという言説であった（船田二〇一四、二〇〇～二〇一頁）。

では、モザンビークの小農の人びとは、プロサバンナ計画についてどう思っていたのだろうか？計画がもちあがった当初は、みな様子をうかがっていたという。だが、合意形成プロセスはいつまでたっても始まらない。それなのに、土地がアグリビジネスによって購入され農家が追われるような事態が散発しはじめたため、二〇一二年一〇月一一日、小農の団体「モザンビーク全国農民連盟（ＵＮＡＣ）」がとうとうプロサバンナ計画に反対を表明するに至る。（注11）

このUNACのナンプーラ州の代表で、『報道特集』（二〇一三年六月四日放送）に出ていたモザンビークの農家、コスタ・エステバンさんは、小農としての思いを次のように語っていた。

「土地を耕しながら、土地とともに暮らしたいですね。誰かに『作ったものを買うからこれを作れ』といわれるような生活は嫌ですね。自分の意志で、作りたいものを作りながら、ここで家族と一緒に農業をして生きたいですね。」

◆所有権のない農家の不安

それにしても、なぜプロサバンナ計画は、小農にたいする十分な説明がないまま、ときに農家が土地を失うような事態のなかで進められようとしていたのだろうか。

日本ボランティアセンター（JVC）の渡辺直子は、フリージャーナリストの堀潤との対談のなかで、二〇一二年五月一四日、日本、ブラジル、モザンビークで官民合同ミッションが開催され、日本とブラジルの民間企業によるナカラ回廊への投資が大々的に宣伝されたと指摘する。[注12] 二〇一三年四月二日に開催されたJICA主催のセミナーには渡辺自身が参加し、有名な大手日本企業の関係者が講師となって、モザンビークで生産されるのは遺伝子組み換えではない大豆で、日本の商社が買い付けるから安心して投資をしてほしいと呼びかける姿を目撃したという。[注13]

舩田によると、二〇〇〇年代は世界的な食料不足への懸念から、二一世紀の食料生産基地になると目されるアフリカの大地が投機の対象となっていた。そうした動きに乗り遅れまいとした日本政府が着手したプロサバンナ計画は、まずは日本とブラジルとの合意によって始められ、モザンビークからの要請があったわけではない（船田二〇一四、一八九頁）。それゆえ船田は「プロサバンナ事業が、対象地モザンビーク北部の住民の大多数を占める小規模農民の具体的なニーズから立ち上げられたのではなく、国際状況（食料価格高騰と投資競争の激化）に対応しようとする日本国内のニーズ、国際プレゼンス向上、そして『日伯ならびに対アフリカ連携』という政治・外交目的が先行する形で立案されたものであった」と結論づけている（同右書、一八九頁）。

エステバンさんが取材を受けている『報道特集』が放映された二〇一三年六月四日は、まさに、モザンビークの当該地がこうした投機の流れにのまれようとしている時期であった。エステバンさんの次の言葉は、そうした状況のなかで小農が置かれていた現実を如実に表している。

「『農民の土地は守られている』というけど、私はそれを疑っています。なぜなら、小さな農家を守るというのであれば、計画を進める前に、まず私たちの意見を聴きに来るでしょう？　疑問が残ります。信じられないのです。」

『報道特集』では、エステバンさんの不信感を裏づけるモザンビーク政府の見解も放送されている。二〇一三年五月に日本で開催されたアフリカ開発会議（ＴＩＣＡＤ）において、モザンビークの大統領と閣僚に、プロサバンナ計画に農民が反対している事実をどう思うかと番組スタッフが質問する場面がある。アルマンド・ゲブーサ大統領は「農民の心配は我々の心配でもあります。プロジェクトによって土地が奪われることはないのです。心配する必要はありません」と応じたものの、土地の権利について言及したパウロ・ズクラ運輸通信大臣は「モザンビークでは、土地は国家のものです。いかなる個人にも土地の所有権はないのです。土地の紛争は存在しません」という衝撃的な回答をしている。字義どおりに受け取れば、一九九〇年代に民主化されるまで社会主義国家であったモザンビークでは、現在農民が耕している土地はすべて国有地なのだから、それがどのように使われたところで農民に抗議する資格はない、といっているに等しい。しかも、先の「提言」によると、農民に寄り添う姿勢をみせた「モザンビーク大統領の関連企業自体がブラジル・アグリビジネスと組んで大規模な土地収奪を行って」いたことがわかっている（「提言」要約、六頁）。

このような、民主的手続きのない不透明な計画遂行プロセスと政権への不信感のため、農地を失うことを恐れた農民の多くが反対運動に参加していったのである。その中心的な団体のUNACは、アフリカ開発会議に合わせてたびたび来日し、市民が開催する勉強会等でプロサバンナ計画の即時中止を訴えた。こうした動きのなかで、モザンビークでの反対運動は年々強まっていった。

◆分断を図ったうえでの「合意形成」？

UNACから協力要請を受けた日本のNGOは、現地調査を実施しつつ、JICA、外務省との交渉も始めた。二〇一三年一月二五日から「プロサバンナ事業に関するNGO・外務省意見交換会」が断続的に開催され、JICAはこの会合のなかで、小農の声を聴く方向で検討していると回答していた。だが、JICAが実際に行っていたのは、現地の農民の分断であった。その内実については、二〇一九年一二月二三日、九名の衆参国会議員が主催した「プロサバンナ事業に関する勉強会」での、船田クラーセンさやか・渡辺直子とJICA・外務省との議論を見るとよくわかる[注14]。

そのなかでとくに注目したいのは、JICAがモザンビークのコンサルタント会社に依頼した

『市民社会対話メカニズム』の形成」プロジェクトである。これは、計画の対象地域の農家一軒一軒に、プロサバンナ計画についての考えを聴くというもので、一見するとJICAが現地の声に耳を傾けようとしているように見える。だが実態は、農家を一軒一軒、賛成か反対かで四色に色分けしてマッピングし、動向をつかむための調査であった。[注15] そして、支持する農民だけを対話の場に集めて、市民と対話していると演出する方向にもっていこうとしたのである。

このような動きに気づいたNGO側は、JICAにたいして文書の開示を請求するが、なかなか出てこなかった。のちに国会議員が開示請求をしてようやく出てきた文書は、全部で二九頁からなるものであった。ところが、渡辺のもとに送り主不明のリーク文書がEメールで届き、「『市民社会対話メカニズム』の形成」プロジェクトの文書が、実際には全部で四八頁あることが判明した。そのなかの指示書には、プロサバンナに関する対話への意欲を示しているステークホルダーを見つけ、事前協議に招待すべきこと、またプロサバンナに反対の声をあげているステークホルダーを排除すべきことが書かれていたという。[注16] JICAはこの文書を正式なものであると認めた。つまりJICAは、一方で、現地の声を紹介しつつ計画のおかしさを指摘するNGOにたいしては、小農の声を聴くといいながら、実際にはモザンビークの農民を分断しようとしていたのである。しかも、そのような内実がわかる文書の一部を、国会議員へ開示する際に隠蔽した疑いがあるのである。

◆違憲判決と計画の「終了」

モザンビークは政情不安ゆえ、小農が政権批判の声をあげるのはそれこそいのちがけである。しかし、かれらの「おかしい」と指摘する声が高まっても計画は中止されず、モザンビークは二〇一七年時点で、投資される額が世界第六位にまで上昇していた。[注17] そうしたなか、モザンビーク弁護士会がプロサバンナ計画の全面公開をするよう提訴した。この裁判では原告側の訴えが全面的に認められ、事業者側が必要な情報を開示しないまま計画を進めている現状は、人間の尊厳を守るためにもっとも重要な農民の知る権利を侵害しており違憲だという判決が出された。[注18]

先に言及した国会議員の勉強会では、日本の税金を使った開発計画で、当該国の司法から人権侵害だと判断されるような進め方でよかったのか、また、支援される側の国の司法が違憲という判断を下した以上、即座にプロサバンナ事業を中止すべきではないか、と追及されている。それにたいしＪＩＣＡ側は、自ら正式なものだと認めた文書群に先述のような問題のある指示書きがあったにもかかわらず、コンサルタント会社が勝手にやったことだと譲らなかった。

こうして、小農の分断を図ろうとしたのではないかという疑念が生じた結果、現地での反対の声が強まってプロサバンナ計画は立ちゆかなくなっていく。そしてついに、二〇二〇年七月二〇日、日本政府がプロサバンナ計画の「終了」をモザンビーク政府に申し入れ、開発は終焉した。しかし、モザンビークの小農や日本およびブラジルで支援してきた人びとは、マスタープランすら完成しなかったプロサバンナ計画の「終了」が、実質的には「中止」だったと指摘している。

計画の当初からモザンビークの農民を支援してきた舩田は、「『プロサバンナ事業』は、大々的に世界に喧伝された無謀な計画、当事者の大規模で長期にわたる抵抗運動、そして事業の中止、いずれの点をとっても、『日本援助史』に名を残すこととなるだろう」と強調している。[注19]

◆プロサバンナ計画と帝国主義の構造

もしも日本政府が「終了」を宣言せず、プロサバンナ計画がどんどん進んでいたとしたら、私たちは、これまでの例と同じように、いつのまにか構造的暴力の加害者になっていた可能性が高い。

第一に、中心国たる日本にとっては、モザンビークで大農場が開発できれば安定した穀物の供給ができるし、周辺国たるモザンビークにとっては外貨の獲得がよりいっそう期待できるため、双方の中心部の間には利益調和の関係が成立したであろう。

第二に、穀物のより強固な安定供給が実現される日本では、開発によって直接的な利益を得る中心部と私たち一般市民との間の利益不調和はほとんど存在しない。その一方で、モザンビークでは、利権を手にする中心部と土地を奪われ生きていけなくなる農民との間には、雲泥の差ともいうべき利益不調和の関係が生じかねない状況にあった。

第三に、だからこそ、穀物の安定供給を得られる私たち中心国の周辺部と、それによって生きる糧を失うモザンビークの小農の人びととの間には、大きな利益不調和が生じかねない状況にもあった。もしそうなっていれば、和食の根幹をなす大豆の栽培が、ナカラ回廊で暮らす小農の生活環境を破壊すると同時に、かれらの尊厳をも破壊することになっていたであろう。

この点で、『報道特集』の日下部正樹キャスターの次の言葉は示唆的である。

「食料や資源確保のために外国が資金を出して大きな農場をつくって、道路や港を整備する、ここまでならですね、実は欧米列強が過去にアフリカでやっていたことなんですね。地元の一部の権力者や大地主だけが潤うんだったら、ますます地元からの批判は広がりかねないと思うんですね。かつての植民地経営と、日本がやろうとしていることはどこが違うのか、地元の人びとに理解してもらって受け入れてもらって、ここではじめて新しい事業といえると思いますよね。」

4 防がれた加害者性

セラード開発は、私たちの和食の文化を守ってくれた。その意義は強調してもしすぎることはない。だが一方で、開発の陰で抑圧された現地の人びとと私たちとの間には、構造的暴力の関係が生じてしまっていた。セラードの「奇跡」のモザンビークにおける「再現」という計画のなかでは、現地住民との合意なき開発という負の側面もまた繰り返されようとしていた。それゆえ、もしプロサバンナ計画が遂行されていれば、ナカラ回廊地域で小農として暮らす人びとは、この一一年のあいだ、計画を遂行する諸政府の圧力、企業の圧力、私たち日本市民の大多数の無関心という構造的暴力の三重苦に見舞われてきたのに加え、あらたな帝国主義的構造の誕生により、自分たちのコミュニティと自給自足の生活を失い、「世界=経済」システムの周辺域に追いやられかねない状況にあったといえるだろう。

そう考えると、プロサバンナ計画に抵抗した人びとは、気づかぬうちにまた私たちの加害者性が生まれるのを未然に防いでくれた、ともいえるように思うのだ。

【注】

（注1）ウォーラーステイン二〇〇六、一三四頁。

（注2）世界自然保護基金ジャパン（WWFジャパン）によると、いま世界では「IUU漁業（Illegal, Unreported and Unregulated漁業）」すなわち「違法・無報告・無規制」な漁業が問題になっていて、資源の枯渇化が進んでいる。そして、違法に漁獲された水産資源の多くが、日本へ輸出されているという（WWFジャパンホームページ掲載記事「IUU漁業について」https://www.wwf.or.jp/activities/basicinfo/282.html）。

（注3）二〇二二年九月二六日付『朝日新聞』の記事「1個30円のブラックサンダー、『児童労働なし』のカカオに切り替え」では、ブラックサンダーという有名なチョコ菓子を製造する有楽製菓が、一五日製造分の原料から、児童労働の介在しないカカオに切り替えた事例を紹介している。

（注4）「日本では、1927年に『海外移住組合法』が制定され、ブラジルに4ヵ所の移住地を購入して、1928年から自営開拓移住事業を開始した。戦後は、1954年に移住者を支援する『日本海外協会連合会』、1955年には移住先で土地分譲を扱う『日本海外移住振興会社』が設立され、南米への本格的な入植が開始された。／さらに1956年、日本海外移住振興会社はブラジルに現地法人2社を設立し、1963年に2社は『海外移住事業団』に統合され、1974年には『海外技術協力事業団』と統合されて、『国際協力事業団』、現在のJICAが誕生した」（本郷・細野二〇一二、九〇頁）。

（注5）一つめのニクソンショックは、一九七一年のニクソン米国大統領による中国訪問宣言（七月一五日）である。二つめは、第二章でも見た、大統領による米国ドルの金兌換制廃止の宣言である。これによりブレトンウッズ体制が終焉し、世界経済は固定為替相場から変動為替相場へと移行していく。

（注6）冷戦のさなか、アメリカの商社がソ連へ穀物を輸出したという歴史的事実は、『永遠平和のために』のなかで、「商業精神」が国際平和に寄与するとしたカントの主張の裏づけとなる一例だといえるかもしれない。ただし、その結果、西側諸国の一員だった日本の大豆供給に災いしたのは皮肉な結果である。

（注7）本郷・細野によると、セラード開発では困難な交渉事案が発生していた。そのひとつが、セラードで生産された大豆を日本へ輸出してもらえるよう確約を得ることだったという。カイゼル大統領は、大豆がブラジルで消費されていなかったことから、あえて約束しなくとも日本は供給を得られるだろうと発言、それ以来この問題の解決に一年かかったという（本郷・細野二〇一二、七五頁）。

（注8）独立行政法人 農畜産業振興機構『エーリック』二〇二一年八月号「【REPORT】世界最大の鶏肉輸出国 ブラジルの鶏肉事情」https://www.alic.go.jp/koho/kikaku03_001300.html（最終更新日：二〇二一年八月四日）。

（注9）実際、本郷・細野は、比較的セラード開発が遅い時期に開始された「ルーカスには1981年、最初の土地なし農民203家族が、政府と軍の支援を受けて入植した」（本郷・細野二〇一二、三九頁）と評価するように、軍による支援の恩恵を否定していない。

（注10）船田が紹介する世界自然保護基金（WWF）の試算によると、もともとセラードにあった、豊かな生態系を育む広大な原生林のうち、八〇%がセラード開発で破壊されたという（船田二〇一四、二一九頁）。

（注11）UNACによる「プロサバンナ事業に関する声明」は、以下のページを参照（https://www.ngo-jvc.net/jp/event/images/UNAC%20Pronunciamento%20.pdf）。

（注12）このときの現地視察には、日本企業から八社一九名、ブラジルのアグリビジネス関係から一七名が参加したという（「モザンビーク開発を考える市民の会ホームページ」http://stop-prosavana.heteml.net/mozambiquekaihatsu.net/story.htm）。

（注13）講演：渡辺直子、聞き手：堀潤「モザンビークで何が起きたか？ オンライン生報告〜JICAプロサバンナ事業中止を受けて〜」（二〇二〇年八月一二日配信）https://www.youtube.com/watch?v=m3mgTB6L_rU

（注14）二〇一九年一二月二三日の勉強会は https://www.youtube.com/watch?v=XJupsHdXP7Y、二〇二〇

年二月一九日の勉強会は https://www.youtube.com/watch?v=O4tjjPoOx1o で視聴できる。

（注15）実際の書面では、計画に断固反対（赤）、条件が整えば交渉可（紫）、利害関係があまりない（黄）、事業に親和的（緑）と区分けされている。農民を分断し反対派を排除したうえでの「合意形成」の動きについては、意見交換会に出席していたＮＧＯの共同での公開質問状（https://www.ngo-jvc.net/jp/projects/advocacy-statement/data/20170426-openletter-prosavana.pdf）に詳細が書かれている。

（注16）渡辺宛に直接送信されてきたリーク文書は、以下のページで参照することができる（https://www.farmlandgrab.org/post/view/26158-prosavana-files）。

（注17）舩田クラーセンさやか『ＷＥＢ世界』「モザンビークで起きていること」「第一回　ＪＩＣＡ事業への現地農民の抵抗」（https://websekai.iwanami.co.jp/posts/461）。

（注18）この判決文は https://www.mofa.go.jp/mofaj/gaiko/oda/files/000461333.pdf で見ることができる。

（注19）この指摘は、舩田クラーセンさやかの『論座』二〇二〇年八月七日付論考「日本の援助史に残る『失敗』／アフリカ小農が反対する『プロサバンナ事業』中止へ（上）」から引用した（https://webronza.asahi.com/politics/articles/2020080500001.html?page=1）。

【参考文献】

岡田知弘（二〇一一）「グローバリズムと人間の生存条件の危機——現代日本の都市と農村」『総合人間学5　人間にとっての都市と農村』学文社
河上睦子（二〇一五）『なぜ、いま食の思想か——豊食・飽食・崩食の時代』社会評論社
田代洋一（一九八七）『日本に農業はいらないか』大月書店
農林水産省「大豆関連データ集」http://www.maff.go.jp/j/seisan/ryutu/daizu/d_data/
農林水産省「無形文化遺産の代表的な一覧表への記載についての提案書」（仮訳）

舩田クラーセンさやか（二〇一四）「モザンビーク・プロサバンナ事業の批判的検討――日伯連携ＯＤＡの開発言説は何をもたらしたか？」、大林稔・西川潤・阪本公美子編『新生アフリカの内発的発展――住民自律と支援』昭和堂
本郷豊・細野昭雄（二〇一二）『ブラジルの不毛の台地「セラード」開発の奇跡』ダイヤモンド社
モザンビーク開発を考える市民の会（二〇一四）『ProSAVANA市民社会報告２０１３――現地調査に基づく提言』
Ｊ・ガルトゥング（一九九一）『構造的暴力と平和』高柳先男・塩谷保・酒井由美子訳、中央大学出版部
Ｉ・カント（一九八五）『永遠平和のために』宇都宮芳明訳、岩波文庫
Ｃ・Ｌ・ストロース（二〇〇一）『悲しき熱帯Ⅱ』川田順造訳、中公クラシックス
Ｉ・ウォーラーステイン（二〇〇六）『近代世界システムⅠ――農業資本主義と「ヨーロッパ世界経済」の成立』川北稔訳、岩波書店

【参考映像資料】

ＴＢＳ『報道特集』特集「プロサバンナ計画、誰のため？」二〇一三年六月四日放送

第五章

開発への抵抗運動は小農の何を守ったのか？
――マルクスの思想から考える

農民の権利は生態系から見ても、経済的、文化的、政治的な観点からも、絶対に必要である。共同体の権利がなければ、農業共同体は農業の生物多様性を保護することはできない。この生物多様性は農業の生態系を保障するためだけに必要なのではない。農業の生物多様性に対する権利は経済的にも必要である。それがなければ、農民も国家も生存の自由と選択の道を失うことになるだろう。(注1)

ヴァンダナ・シヴァ

1　モザンビークでの抵抗運動が示す問い

重商主義の時代以降、サン＝ドマングのタイノ族の人びともアフリカから連行された人びとも、自分の意志ではなく、いきなり現れた西欧人とその現地協力者たちによって勝手に土地から引き剝がされ、「新大陸」に連行され、強制的に奴隷労働に従事させられたのだった（第二章・第三章）。列強帝国主義の時代、コンゴの人びとはアフリカ分割に加わったベルギー王の欲望により奴隷労働を強いられ、ときにいのちを奪われた。現代の帝国主義の構造下では、鉱物紛争により土地を奪われ、ときに鉱山での奴隷労働に従事させられ、場合によっては虐殺されているのだった（第一章）。

いずれの事例も、海の帝国から現代帝国主義に至る各時代の構造のなかで、自然と共生しながら暮らす人びとが、自分たちの暮らす土地から引き剝がされ、意に沿わない労働を強制されたという点で共通している。もしもプロサバンナ計画が中止されていなかったら、前章の最後で述べたように、モザンビークの人びとも同じような状況に陥っていたかもしれない。そう思うと、居たたまれなくなる。なぜなら、プロサバンナ計画は私たちの税金で賄われており、結果として、本書で見てきたような構造的暴力を伴う現代帝国主義的関係を、あらたにひとつ誕生させていたかもしれないからである。

だが、モザンビークの小農や同国の支援者、およびそれを支援する日本やブラジルの市民団体やＮＧＯ、そして国会議員などの粘り強い働きかけがあったおかげで、あらたな現代型の帝国主義は生まれずにすんだ。私たちは、モザンビークで小農として暮らす人びとの尊厳を蹂躙せずにすんだ。そうだとすると、周辺国の周辺と中心国の周辺の人びとが手を取り合い、強権的な中心部にたいして異議を唱え、プロサバンナ計画を実質的な中止に追い込んだ社会運動は、いまだに多くの地域で、新自由主義的な資本蓄積の欲求により土地から引き剝がされかねない状況にある小農の人びとにとって、何をなすべきかを教えてくれる実践例になっているとはいえないだろうか。

では、私たちは、この事例からどのような有益な示唆を得ることができるのだろう？

この問いを念頭に、本章では、マルクスの思想を導きの糸として、プロサバンナ計画への抵抗運動が、モザンビークで小農として暮らす人びとの何を守ったのか、という点について考察する。結論を先取りするなら、社会運動は、ナカラ回廊で農業をして暮らす人びとから、少なくともある三つの側面で人間としての生を守ったといえるのではないかと考える。この点の探求が終わったら、次章では、抵抗運動が示唆する、〈帝国〉の論理に抗する人びとのありかたについて考察することにしよう。

2　第一の視点——労働の質の変化を防いだ

もしも、モザンビーク、ブラジル、日本の社会運動が実らず、プロサバンナ計画が完遂されていたら、ナカラ回廊の人びとの暮らしはどうなっていただろうか？

この問いの答えは、『報道特集』で紹介された、エステバンさんのあの言葉に凝縮されている。

土地を耕しながら、土地とともに暮らしたいですね。誰かに「作ったものを買うからこれを作れ」といわれるような生活は嫌ですね。自分の意志で、作りたいものを作りながら、ここで家族と一緒に農業をして生きたいですね。

国有地ゆえに所有権のない小農の人びとが計画によって土地を追われ、そこに大規模農場が造成されてしまっていたら、ナカラ回廊の人びとは、エステバンさんの願いもむなしく、人に「作れ」といわれたものを作らざるをえなくなっていたかもしれない。この場合、土地から追われた人びとには、まず、あらたに造成された大規模農場の賃金労働者になるという選択肢がありうる。けれども、セラード開発の結果からも明らかなように、大規模に展開される農業においては、高度な機械化によって収益の極大化と生産費用の抑制が図られるため、ごく少数の雇用しか生まれない。だから、賃労働でも住み慣れた土地に残れたら幸運なほうで、大多数の人は、代々耕し続けてきた土地だけでなく、長年暮らした故郷からも追われ、都市に行くしか選択肢がなくなっていたかもしれない。(注2)

そうなっていたら、小農の人びとに、労働の質の変化が強要されてしまっていた可能性は高い。エステバンさんが望むように、「家族と一緒に農業をして」「土地を耕しながら、土地とともに暮らす」生活は、どんな農作物を生産するか、いつ植えるか、どれくらい作るか、そのうちどれくらいを市(バザール)で売るか、といったすべてのことを、自分たちで決めることができる。自分たちで生産したもので生きていける。でも、そんな生活を奪われてしまったら、人びとは、大規模農場で働くにせよ都市で働くにせよ、まさに「誰かに『作ったものを買うからこれを作れ』といわれるような生活」を送らざるをえない。そして、誰かのもとで行うそうした労働によって得た賃金をもとに、生きるための糧を購入しなければ生きてはいけない状況に追い込まれる。

自分が生産したものを、自分で自由に取り扱える暮らし。他方、自分が生産したものなのに、手元にはいっさい残らず、それが自分に「作れ」と命じた他者のものとなる暮らし。前者は、小規模経営者としての生きかたであり、後者は、賃金労働者としての生きかたである。この間にある決定的な違いは、生きていくうえでいろんなものを生産するための手段、すなわち土地や道具といった手段を自分で所有しているか否か、という差にほかならない。

ここで参照したいのがマルクスの指摘である。「労働者が自分の生産手段を私有しているということは小経営の基礎であり、小経営は、社会的生産と労働者自身の自由な個性との発展のために必要な一つの条件である」（マルクス一九六五b、九九三頁）。まさに、エステバンさんのように家族とともに土地を耕す自由な農業を維持するには、生産手段の所有が欠かせないというのである。

モザンビーク、ブラジル、日本の社会運動は、このように賃金労働者として生きざるをえない結果を招きかねない土地の引き剝がしからモザンビークの人びとを守り、その結果として「家族と一緒に農業をして」「土地を耕しながら、土地とともに暮らす」小農としての働き方をも守った、といえるように思うのだ。この点を敷衍（ふえん）すると、社会運動は、食に関する自己決定権が阻害された暮らしに陥りかねない状況からナカラ回廊の人びとを守った、ともいえるだろう。

3 第二の視点——「略奪による蓄積」から守った

それだけではない。プロサバンナ計画への抵抗運動は、モザンビークの人びと自身の労働力と土地とが資本蓄積のために略奪されるのを防いだともいえる。この点を考察するうえで欠かせないのが、マルクスの「本源的蓄積」という考え方である。

近世になって資本主義経済がヨーロッパで頭をもたげてから五世紀ほど経ったいまでは、その歴史と並行して形成されてきた「世界＝経済」システムがグローバルスタンダードの経済様式になろうとしているのであった。そのなかでは新自由主義という経済思想が幅を利かせ、それゆえに、コンゴやハイチの人びとも苦しんでいるのだった。そして現在、アフリカは最後のフロンティアだとされ、実際に多額の投資が振り向けられているのだった。そんな資本主義の始まりには、先に見たように、モザンビークの人びとには回避できて、コンゴやハイチの人びとには回避できなかったプロセス、すなわち、人びとが土地から追われ、生きていくための生産手段を失うというプロセスが欠かせなかったとマルクスは『資本論』で論じている。

どういうことか、少し詳しく見てみよう。

中世に至るまでの長いあいだ、人びとは、自分たちで土地を耕し、生きる糧を生産して暮らしてきた。生産や生活のために必要な道具は、その製作に長けた人たちが家内工業によって生産し、地域で交換しながら暮らしてきた。そのために換金作物を市で売り、貨幣を得てきた。薪(たきぎ)など生活に必要なものは共有地（コモンズ）から得ていた。すなわち、多くの人びとが、生産手段を自らの手のうちに保持し、共有すべきものは分かち合い、それでも足りないものは他者の作ってくれたものや商人の持参する交易品を購入しながら生きていた。つまり、多くの人びとが、封建領主への重い貢納や自然災害等に苦しめられる局面がありながらも、小経営者として生きていた。

ところが、こうした生きかたが固定されている状況は、資本をどんどん蓄積し増殖させたい人たちにとっては具合が悪い。自給自足で暮らす人びとからみれば生活物資を購入する必要はほとんどないわけで、そうなると、たくさんの財貨を儲けたい人がいくらモノを生産してみたところで、たいして売れないからである。資本を蓄積していくのに必要な市場（マーケット）が形成されていないのである。それゆえに採られた方策が、自給自足してきた人びとを、生存に不可欠な生産手段である土地から引き離し、賃労働をしなければ生きていけない状況に追い込むというやり方だった。

じっさい、小農民を賃金労働者に転化させ、彼らの生活手段と労働手段を資本の物的要素に転化させる諸事件は、同時に資本のためにその国内市場をつくりだすのである。以前は、農家は生活手段や原料を生産し加工して、あとからその大部分を自分で消費していた。これらの原料や生活手段はいまでは商品になっている。（マルクス一九六五b、九七六頁）

そうやって、多くの人が賃金労働者になってようやく、あらゆる生産物の国内市場が生み出されていったとマルクスはいう。このような方策は、官僚制が敷かれ、法が有効に作用する西欧諸国では法律によって強制されていった。そうして土地を追われホームレスになった人びとは、政治・経済動向の激変が原因でそういう境遇に陥ったにもかかわらず、努力不足だというレッテルを貼られ、ひどい場合には処罰を受ける羽目に遭った。これは、そう、第三章で考察したロックのあの見方に連なる。

他方、大航海時代が始まって以降に植民地化されていった地域では、そう簡単にことは運べなかった。資産家が賃金労働者として働かせる予定の人びとを連れてヨーロッパから植民地に移り住んでも、移住者全員が小経営者となるに足るだけの広大な大地が、そこには広がっていたからである。また、先住民族が、なんの強制力もなく他人のために働くわけがないからである。それゆえ、植民地化された地域では、直接的暴力が用いられたうえでの強制労働や奴隷労働が横行した。(注3)

アメリカの金銀産地の発見、原住民の掃滅と奴隷化と鉱山への埋没、東インドの征服と略奪との開始、アフリカの商業的黒人狩猟場への転化、これらのできごとは資本主義的生産の時代の曙光を特徴づけている。(マルクス一九六五b、九八〇頁)

ヨーロッパの外で直接に略奪や奴隷化や強盗殺人によってぶんどられた財宝は、本国に流れ込んで、そこで資本に転化した。(同右書、九八二頁)

このように、ヨーロッパの内部であれ、植民地化されていった地域であれ、生産手段が奪われた人びとは、生活物資を得るために賃労働や強制労働を強いられていったとマルクスは分析する。「だから、資本関係を創造する過程は、労働者を自分の労働条件の所有から分離する過程、すなわち、一方では社会の生活手段と生産手段を資本に転化させ他方では直接生産者を賃金労働者に転化させる過程以外の何ものでもありえない」(同前書、九三四頁)とマルクスはいうのである。

こうして、ときに法が、ときに武力が用いられたうえでの強制力を伴うかたちで、自活して生きていた人びとから生産手段が奪われ、かれらを賃金労働者にし、生活物資の国内市場をつくりだし、資本の蓄積が始められていった。マルクスは、この歴史上のできごとを「本源的蓄積」と定義したのである。以上からわかるように、その根本にあるのは「生産者と生産手段との歴史的分離過程」である(同右書、九三四頁)。これが、資本主義の幕開けの時代に起こったことであった。

でも、この本源的蓄積の過程は、現代においても続いている。ハイチ共和国では、国際的な支援という名目での強制によって農業の保護政策が遂行できなくなり、多くの小農が農業での生活を断念せざるをえない状況に陥ったのだった。セラードの人びとも同様だった。モザンビークの小農も、同じような道をたどることになっていたかもしれない。第二章4節で見たように、ハーヴェイは、このように本源的蓄積が現代に至るまで各地で断続的に続いていることから、それを「略奪による蓄積」と呼び換えるよう提案したのである。(注4)

略奪による蓄積が続いた背景には、一六世紀から徐々に世界へ拡がっていった「世界=経済」システムが潜んでいるわけだけれども、その要因は、ウォーラーステインの言葉を借りるならば、「資本主義的『世界経済』の中核に位置する諸国」が「辺境を搾取する——あるいは辺境の国家機構を弱体化させる——権利をめぐって争い、経済的・軍事的な緊張関係のもとでたえず抗争していた」からだといえる（ウォーラーステイン二〇〇六b、二九頁）。そのように中核が周辺を搾取する略奪による蓄積が、いまでは、中核諸国が国際機関を使ってまで自分たちの利益を優先する現代帝国主義へと形を変えて続いているのだ。

プロサバンナ計画に疑義を唱える社会運動は、「世界＝経済」システムにおけるこのような「略奪による蓄積」の対象となる未来から、モザンビークの人びとを守ったのだといえるだろう。

4　資本主義というときの資本とは？

ここで、社会運動がモザンビークの人びとをあることから守ったという第三の視点を考察するための前提として、資本主義というときの資本とはいったい何か、どうすれば蓄積されていくようになるのか、という疑問を解消しておきたい。結論を先取りするなら、資本の性格と蓄積のプロセスには、先にあげた本源的蓄積、すなわち、人びとの土地からの引き剝がしとそれに伴う労働の性質の変化に加えて、交換様式の変化という重要な要素も関係している。

自給自足している人同士が、自分が生産し余っているものを市（バザール）に持ち寄って交換したとしよう。マルクスによれば、このとき、人びとの持ち寄った生産物は商品となる。

たとえば、竹藪の近くに住むAさんが、竹の籠を作って売っていたとする。そこに、海の近くに住み、魚を売りにきていたBさんが通りかかる。「そういえば、釣った魚を入れておく籠が壊れかけていたな」と思い出したBさんは、Aさんから籠を買うことにする。この交換が成立したとき、Aさんにとっても Bさんにとっても、魚と籠は商品となる。

けれども、バザールのあちらこちらで、商品のこうした交換がいくら行われようとも、商品が購入した人によって消費されてしまえば、魚のような食べ物なら跡形もなくなるし、籠のような耐久財も徐々に朽ちて使えなくなっていく。だから、多くの人がたくさんの生産物をいくらバザールに持ち寄ったとしても、そこでなされた交換のあとには、価値はなんにも残らない。つまり、商品（W＝Whare〔ドイツ語で商品のこと〕）を売って貨幣（G＝Geld〔ドイツ語で貨幣のこと〕）を得、生活に必要でかつ他者が生産した商品（W´）を購入して帰る、という交換様式（W→G→W´）のもとでは、ある生産者の商品とある生産者の商品との交換はただ一回行われるのみで、人びとが生産した商品の総和以上の価値が蓄積されていくことはない。このとき貨幣は、ただ諸商品の共通の尺度として、円滑な交換を促すための道具として現象するにすぎない。（注5）

けれども、資本主義経済のもとでは、資本は蓄積されていかなければならない。なぜ、バザール上の交換では不可能だった資本の蓄積が、資本主義経済では可能となるのだろうか。そこには、交換様式上の重要な転換が存在する。バザールを通じた交換様式と資本主義における交換様式との決定的な違いは、前者がモノを生産するところから始まるのにたいして、後者が商売を始めるためのいろんなものを買い揃えるところから、すなわち投資するところから始まるという点にある。

この点を理解するには、実はプロサバンナ計画を例に考えてみるとわかりやすい。

豊かな生態系が広がるサバンナの大地を均（なら）して大規模な農地を造成し、そこで大規模な農業を営もうと思ったら、まず、土地整備のための大規模な事業が必要になる。そのうえで、農地が完成したら、大規模な灌漑(かんがい)施設、商品輸送のためのインフラ整備、播種や刈入れのための機材の購入などが必須となる。それに加え、賃金労働者も雇用する必要がある。このような準備が整ってはじめて、大豆などの穀物を作り、輸出して儲けを得ることが可能となる。

資本主義経済の交換様式は、このように、まず投資(G)が先にあって、そのあと商品(W)を作り、それを売って初期投資以上の儲け(G′)を得ようとする。そのため、バザールでの交換様式(W→G→W′)とはまったく逆の、G→W→G′という交換の順序になるのだ。前者が貨幣を円滑な生産物の交換のために使うのにたいし、後者は、生産した商品のほうが円滑な資本蓄積のための潤滑油として用いられるのである。

それだけではない。商品を通じて得られた資本は、そこからさらに次なる商品生産に投資され、もっと多くの利潤を生み出していく。だから、G→W→G′という交換様式はG→W→G′→W′→G″……というかたちで永遠に続き、資本を増殖させ続ける。それゆえマルクスは、資本を無限に自己増殖する価値だと定義しているのである(注6)。

こうして見てくると、プロサバンナ計画の初期に「ナカラ基金」への投資の呼びかけがあったのは、なにも偶然ではなかったと推測できる。大規模な農地の造成事業や大規模農場の初期投資には、莫大な資金が必要だからである。もちろん、計画が進めば、ナカラ回廊の農民のなかから大規模農場の主が輩出されていたかもしれない。だが、そうして競争に勝ち残れる成功者はほんの一握りであって、四〇〇〇万人といわれるナカラ回廊の多くの小農が行き場を失ったであろうことは、想

像に難くない。（注7）

5 第三の視点――「自由な労働者」への没落を止めた

そうして行き場を失った人びとは、多くの場合、賃金労働者になると予想されるわけだけれども、社会運動は、モザンビークの人びとが、そうした賃金労働者、すなわちマルクスがいうところの「自由な労働者」に陥る可能性をも防いだということができる。

ちょっと待った、という声が聞こえてきそうである。自由という言葉はふだん肯定的な意味あいで使われるはずである。にもかかわらず、「自由な労働者」に陥らずにすんだとは、いったいどういうことなのか？

この疑問を解消すべく、ここではマルクスが「自由」という語に込めた意図を把握するところから始めよう。

貨幣も商品も最初から資本ではないのであって、ちょうど生産手段や生活手段がそうでないのと同じことである。これらのものは資本への転化を必要とする。しかし、この転化そのものは一定の事情のもとでなければ行われえないのであって、この事情は要するに次のことに帰着する。すなわち、二つの非常に違った種類の商品所持者が対面し接触しなければならないという事情である。その一方に立つのは、貨幣や生産手段や生活手段の所持者であって、彼らにとっては自分がもっている価値額を他人の労働力の買い入れによって増殖することこそが必要なのである。他方に立つのは、自由な労働者、つまり自分の労働力の売り手であり、したがってまた労働の売り手である。（マルクス一九六五b、九三三〜九三四頁）

ここでマルクスがいっているのは、一方には、生産手段をもち、人を雇い、価値を増殖させていけるだけの財力をもった資本家がいて、他方には、そうした資本家に自らの労働力を売って賃金を得て暮らす賃金労働者がいないと、資本の増殖過程は始まらない、ということである。では「自由な労働者」のいったい何が自由なのだろうか？　マルクスはこう続ける。

自由な労働者というのは、奴隷や農奴などのように彼ら自身が直接に生産手段の一部分であるのでもなければ、自営農民などの場合のように生産手段が彼らのものであるのでもなく、彼らはむしろ生産手段から自由であり離れておりいるという二重の意味で、そうなのである。（同右書、九三四頁）

つまり、自由な労働者とは、第一に、かれ自身が農地などの生産手段をもっておらず、第二に、それでもかれ自身が農奴や奴隷と同じように生産手段とされることもない、という二重の意味で、生産手段から切り離された「自由」な労働者だという意味なのである。
でも、なぜ生産手段から切り離されている状態が「自由」なのか。それは、自由を意味する英語の free やドイツ語の Frei が、あるものごとから「離れている」という語源をもっているからである。そんな言葉が肯定的な意味をもったのは、抑圧的な教会権力や王権などから「離れている」ことが、人びとの思想や経済活動の自由を担保するがゆえに、それがのちに権利として確立されていったからである。

重要なのは、このような「自由な労働者」が存在しなければ、資本蓄積は叶わなかったという重大な事実である。先ほど述べたように、人間がつくったものは、一回消費すればなくなってしまうのだから、価値の増殖にはつながらないのであった。なのに、資本主義の交換様式ではなぜ価値の増殖が可能なのか。それは、資本主義の生産様式においては、商品のなかに剰余価値、すなわち販売して得た売上金のうちの利潤部分が発生するからである。

では、なぜ剰余価値が生まれるのか。それは、生産手段から切り離されているがゆえに、自らの労働力を売ろうとする労働者が、資本家の前には魅力的な労働力「商品」として現れるからである。この労働力商品は、資本家から見れば、いったん消費したとしても、すなわち労働者に一定時間働いてもらったとしても、消えてなくなるどころか、次の日も、また次の日も同じように働き、あらたに価値を生み出してくれるという特徴をもつ、この世でたったひとつの、魔法のような商品だからである。しかも資本家は、労働者が生み出してくれた商品で得られた利益のうち、すべてを分配することなく、一部を利潤として計上する。これが剰余価値である。だから、剰余価値とは、端的にいえば、労働者が生み出した価値の（労働時間の一部の）ピンハネである。(注8)

だからこそ、資本の蓄積には、本源的蓄積を経て生産手段から切り離され「自由」になったがゆえに、生活物資を得るための賃金を必要とする自由な労働者が欠かせない、とマルクスはいうのである。

ナカラ回廊の人びとが、大規模農場に縛られてしまったとしても、都市で働かざるをえなくなったとしても、自分が働いて生み出した価値の一部が他者の富となる「自由」な労働者へと転落する事態は避けられなかったであろう。それゆえ、社会運動はまさに、モザンビークの人びとが、能動的に農作物を生産しうる働き方、すなわちマルクスがいう「労働者自身の自由な個性」の発展が促される小農としての働き方から、「自由な労働者」へと転化されるのを防ぎ、尊厳を守ったということもできると思うのだ。

6　マルクスの示した変革への可能性

本章で見てきた、労働の質の変化、本源的蓄積、自由な労働者への転化という視点は、実は農民のプロレタリア化のプロセスとして述べられている。つまり、土地の私的所有が進んだ西欧において、土地の囲い込みにより賃金労働者が生み出され、かれらがやがて連帯して社会主義社会をつくっていくという、マルクスの描いた資本主義の矛盾を解消するための処方箋の前提として描かれている点に注意したい。

ただし、晩年のマルクスは「ザスーリッチへの手紙」(一九六八〔原典は一八八一年〕)のなかで、土地の囲い込みによる賃金労働者の発生は西欧に特殊の歴史的過程であり、ロシアが必ずしもそうしたプロセスを経て変革へと至る必要はないと述べており、すべての国に自らの処方箋を応用すべきとは考えていなかったようである。

実際の問題として、地球の環境負荷が限界に達しつつあるいま、本書ではマルクスがザスーリッチへ宛てた内容に注目したい。なぜなら、資本の論理による被害を小農が受けずに、自立した循環型の〈地域コミュニティ〉をいかに形成するかが喫緊の課題だし、第七章で示すとおり、現状を変革するためのプロセスは多様であるほうがよいと考えるからである。

関連して、『ドイツ・イデオロギー』で示されているマルクスの理想とするコミューンでの人間の姿は、第六章以降で言及するコスモポリタニズムの理想とも関わって有益な示唆を与えてくれる。第三章の最後で記した、重層的なガバナンスのなかで生きる諸個人の、自由と平等とが絶対的に担保されたありかたを端的に述べているように思われるからである。

そこで最後に、該当するマルクスの言葉を引用して本章を閉じることにしよう。

～前略～その共同社会に、諸個人は諸個人として参加する。これこそ、まさに諸個人の自由な発展と運動の諸条件を、自分たちのコントロールのもとにおく諸個人の結合にほかならない[注9]（もちろん、いま到達している生産諸力を前提したうえでのこと）。（マルクス一九六六、一四三頁）

【注】

（注1）ヴァンダナ・シヴァ（二〇〇五）、一〇五頁。

（注2）渡辺直子によると、二〇一一年の段階で、アグリビジネスが土地を買い占め、農家が排除され、モザンビークでは栽培されていないはずの大豆が植えられるという事例が発生していた。講演：渡辺直子、聞き手：堀潤「モザンビークで何が起きたか？　オンライン生報告〜ＪＩＣＡプロサバンナ事業中止を受けて〜」（二〇二〇年八月一二日配信）より（https://www.youtube.com/watch?v=m3mgTB6L_rU）。

（注3）この点についてはウォーラーステインも次のように言及している。「特定の様式が『世界経済』の特定の地域に集中している——奴隷制と『封建制』は辺境に、賃金労働と自営は中核部に〜中略〜というように」（ウォーラーステイン二〇〇六ａ、一一五頁）。

（注4）「〜前略〜資本蓄積の長きにわたる歴史と地理における『原始的』あるいは『原初的』蓄積という略奪的慣行の継続と維持について、広く考え直す必要がある〜中略〜今でも継続しているプロセスを『原始的』とか『原初的』とか呼ぶのはおかしいので、以下私は、この語の代わりに『略奪による蓄積』という用語を使おうと思う」（ハーヴェイ二〇〇五、一四六頁）。

（注5）「その純粋な姿では、商品交換は等価物どうしの交換であり、したがって、価値をふやす手段ではないのである」（マルクス一九六五ａ、二〇七頁）。

（注6）もちろんこれは理論上の話であり、実際はそう単純ではない。商品の宣伝がうまくいかなかったり、モデルが時代遅れになったりして商品がまったく売れないことはあるし、不況や恐慌のあおりを受けるなど、不確定要素もたくさんあるからである。

（注7）「個人的で分散的な生産手段の社会的に集積された生産手段への転化、したがって多数人の矮小所有の少数人の大量所有への転化、したがってまた民衆の大群からの土地や生活手段や労働用具の収奪、この恐ろしい重苦しい民衆収奪こそは、資本の前史をなしている」（マルクス一九六五ｂ、九九四頁）。

（注8）この表現は、抽象労働や労働時間に関するマルクスの議論をかなり端折（はしょ）りすぎているので、より深く探究したい場合は『資本論』の第一巻を参照されたい。

（注9）一九三〇～三一年頃、スターリンが自営農を集団化し、その混乱による収穫量の低下と共産党政権による徴発が続いた結果、三五〇万人もの人びとが餓死したウクライナでの大飢饉のように（黒川二〇〇二、二一〇～二一四頁）、共同で生産するという側面が強く押し出される共産主義という訳語には、既存の社会主義国家の負の歴史がどうしてもつきまとう。しかし、このマルクスの言葉のようにCommunismとは本来、自律した諸個人による共同を前提している。そこで本書では、この語をコミュニズムまたはコミューン主義と訳して用いる。加えて、以降の章において出てくる引用文での「共産主義」という語についても、勝手に変更することがルール上不可であることからそのままとなっているが、ここで留意した意味を念頭に引用していることを申し添えたい。

【引用文献】

黒川祐次（二〇〇二）『物語　ウクライナの歴史――ヨーロッパ最後の大国』中公新書
D・ハーヴェイ（二〇〇五）『ニュー・インペリアリズム』本橋哲也訳、青木書店
K・マルクス（一九六五a）『マルクス＝エンゲルス全集　第23巻第1分冊　資本論』大内兵衛・細川嘉六監訳、大月書店
K・マルクス（一九六五b）『マルクス＝エンゲルス全集　第23巻第2分冊　資本論』大内兵衛・細川嘉六監訳、大月書店
K・マルクス、F・エンゲルス（一九六六）『新版ドイツ・イデオロギー』花崎皋平訳、合同出版
K・マルクス（一九六八）「ザスーリッチへの手紙」『マルクス＝エンゲルス全集　第19巻』平田清明訳、大月書店
V・シヴァ（二〇〇五）『生物多様性の保護か、生命の収奪か――グローバリズムと知的財産権』奥田睦子訳、明石書店

I・ウォーラーステイン（二〇〇六a）『近代世界システムI　農業資本主義と「ヨーロッパ世界経済」の成立』川北稔訳、岩波書店
I・ウォーラーステイン（二〇〇六b）『近代世界システムII　農業資本主義と「ヨーロッパ世界経済」の成立』川北稔訳、岩波書店

【参考映像資料】

TBS『報道特集』特集「プロサバンナ計画、誰のため？」二〇一三年六月四日放送

第六章

維持可能な民主的ガバナンスを希求する人びとの特徴とは？
――プロサバンナ計画に抗った人びとの実践から考える

ただし、自分を守る権限を自分で放棄しつくせるような人は誰もいない。それは人間であることを止めるのに等しいからだ。ここから出てくる結論として、自然な権利というものが完全に奪われるようなことはありえないのである。(注1)

スピノザ

1 〈帝国〉権力への抵抗

◆本章での問い

本章ではいよいよ、〈帝国〉の論理に抗し、民主的なガバナンスを希求する人びとの特徴について、プロサバンナ計画への抵抗運動を事例に考えてゆく。まず、モザンビークの人びとが直面した危機の背景に作用していた構造的な問題について、アントニオ・ネグリとマイケル・ハートの〈帝国〉論を手がかりに考察する（1節）。そして、運動を担った人びとをネグリとハートの議論におけるマルチチュードだと仮定してみたとき、そこにどのような意義がみられるか考察する（2節）。最後に、システムによる圧力を跳ね返したナカラ回廊の人びとが、実は「小農の権利」を結実させた世界的な運動とつながっていた事実を概観しつつ、この際のつながり方が、未来社会の維持可能なガバナンスを希求する、ある人間のありかたを示唆しているのではないかと提起する（3〜4節）。

◆〈帝国〉の考え方①――権力の非中心性

ナカラ回廊の人びととその支援者は、いったい何と闘っていたのだろうか。それはもちろん日本・ブラジル・モザンビークの政府や商社であり、JICAであり、これら計画推進諸主体の意向を反映しようとする地域の有力者や賛同者であった。ただし、そうした推進側の人びとの意向には、「最後のフロンティア」たるアフリカへの投資競争に乗り遅れてはならないという世界動向からの影響があった。また、そのような競争に世界中の権力や多国籍企業を駆りたてた背景としては、世界の最後の辺境の地まで組み込もうとする、新自由主義を基調とした「世界=経済」システムの存在が影響してもいた。実際に闘っていた具体的な相手が、どのような世界動向のなかで方針を決定したのかという領域まで考えをめぐらせると、このように、世界的なフロンティア獲得競争やその背景としての「世界＝経済」システムといった、抽象的でとらえどころのない根拠にまでたどり着く。そこで参照したいのがネグリとハートの〈帝国〉論である。そこでまず、私なりにとらえた〈帝国〉の輪郭を以下に示してみたい。

㈠帝国主義との違い

まずあげられるのは帝国主義と〈帝国〉との違いである。ネグリとハートは、それらの連続性に注意を払いつつも、〈帝国〉が「帝国主義的列強間の抗争や競争であった」帝国主義とは違い、「いくつかの重要な点で、単一の権力という理念に取って代わられてきている」と主張する（ネグリ／ハート二〇〇三、一三頁）。つまり、帝国主義の時代は、列強諸国おのおのの権力がぶつかりあって覇権を競い合っていたけれども、二つの世界大戦を経てそうした武力闘争が終焉を迎え、経済がグローバル化した現在の〈帝国〉は、単一の権力として現前するようになったというのである。

㈡権力の中心の不在と〈帝国〉の外部の不在

ただし、そのように単一の権力として現れる〈帝国〉には、権力の中心が存在しないとかれらは強調する。一九七〇年代には、たしかに、ブレトンウッズ体制の崩壊とともにアメリカが金融の中心を担うようになっていった。けれども、一九九〇年代の冷戦の終焉とともに、ソ連vsアメリカという東西両陣営の中心は失われていった。「〈帝国〉の根本原理は、〈帝国〉の権力は特定地域に局所化可能な現実的な地勢も中心も持ってはいない」（同右書、四七八頁）。

そうすると、政治的にも経済的にもグローバル化が進んだいまでは、東西二大陣営が対立し、互いが互いをウチとソトとで分けていた頃のように、〈帝国〉には外部が存在しない、ということになる。それゆえ〈帝国〉には、軍事的に対抗すべき外部も存在しない（同前書、二四五頁）。さらに、「自然の諸々の力と現象」もまた、「それらが市民的秩序の人為的工夫から独立した原初的な姿のまま存在するとは知覚されなくなっているという意味」で外部とは見なされず、それゆえに「私たちはすでに自然をもってはいない」という（同右書、二四三頁）。

㈢ネットワーク状の拡大的権力と国家主権の相対的な低下

冷戦終結後に資本主義がグローバル化してゆき、それゆえに権力の中心が見当たらないとすれば、それはいったいどういう形態をとっているのか。ネグリとハートは、それをネットワーク状の拡大的権力としてとらえる。本書でもたびたび言及してきた世界銀行やＩＭＦ、ＷＴＯといった組織による「超国家的な法の現代における変容をとおして、〈帝国〉の構成プロセスは直接的または間接的に諸々の国民国家の国内法に侵入し、それを再編することへと向かって」おり、「そのようにして、超国家的な法は国内法を強力な仕方で重層決定している」（同右書、三四頁）。それゆえに、各国家の主権は相対的に低下し、ネットワーク状の拡大的権力の意向とそれにもとづく超国家的な法を無視できなくなっていく。アメリカもまた、〈帝国〉の中心的な位置にはあるけれども「何よりもまず来るべき〈帝国〉はアメリカではないし、アメリカ合衆国はその中心ではない」（同右書、四七八頁）。

以上、ネグリとハートによる〈帝国〉論の重要な輪郭を三つ抽出してみたけれども、私には、かれらが冷戦後の世界を〈帝国〉という概念でとらえるのに成功しているとはどうしても思えない。冷戦が終わって以降の〈帝国〉に、権力の中心がないというのは本当だろうか。たとえば、第二章で見たハイチの受難の事例は、たしかに、超国家的なネットワーク的拡大権力の一角を担うIMFや世界銀行におおもとの責任がある。しかし、もとをたどれば、それらの機関の中心的な支援国の存在や、そうした国々の採っている政策上の考え方（ワシントン・コンセンサス）に行きつく。〈帝国〉の権力をむやみにネットワークのなかに解消してしまうと、こうした責任の所在を明確化できなくなり、実際に困難な状況にある国や地域での問題解決の糸口をつかめなくなってしまわないだろうか。

それだけではない。たとえ〈帝国〉がネットワーク状の拡大的権力によって成り立っているのだとしても、それに中心的に関われる国とそうでない国との間には、権力との近接度についての強いグラデーションが存在する。端的にいえば、たとえ〈帝国〉の権力がネットワーク状のものであるとしても、そのなかでは旧列強諸国、現北側諸国の意向のほうがより強く反映されている。実際、川原彰が指摘しているように、ネグリとハート自身がグローバルな権力の配置にはピラミッド型の構造がみられると認めている（川原二〇〇四、八八〜八九頁）。これは、ウォーラーステインのいう「世界=経済」やハーヴェイのいう現代の帝国主義のかたちと根本的に何が違うのか、私にはよくわからない。さらにいうなら、二〇二二年二月二四日に始まったロシアによるウクライナへの侵略は、軍事的に対抗すべき外部が存在しないという〈帝国〉の前提を覆すに足る十分条件になってしまっている。

しかしながら、こうした疑問が残る〈帝国〉論にも、モザンビークでの社会運動の成果を考えるうえで参考になる見方がある。それを次に見てみよう。

◆〈帝国〉の考え方②——非場所性とフレキシビリティ

㈣〈帝国〉の非場所性

ネグリとハートが強調する〈帝国〉の特徴のなかで、本書の考察と関わって興味深いのが、〈帝国〉には外部が存在しないという特徴から導き出される、権力の非場所性の議論である。ネグリとハートは、「私たちは世界市場の形態を、〈帝国〉の主権の形態を完全なかたちで理解するためのモデルとして利用してもさしつかえないだろう」という（ネグリ／ハート二〇〇三、二四六頁）。つまり、ネグリとハートは、〈帝国〉と世界市場の形態には親和性があると見ているのである。資本主義市場は「内部と外部を分割しようとするあらゆる企てにつねに逆らい続けてきたひとつの機械」（同右書、二四六頁）であり、利潤追求のために、つねに市場の外部を内部化してきた。この見方はウォーラーステインの世界システム論とそう違わないはずだが、それはさておき、冷戦が終わってグローバルな資本主義世界市場が実現されたいま、そうした「平滑空間の内部」には〈帝国〉の「権力の場所は存在しない」、「言いかえると、それはいたるところに存在すると同時に、どこにも存在しない」、「つまり、〈帝国〉とはどこにもない場所なのであり、あるいはもっと正確にいえば非-場なのである」とネグリとハートは強調する（同右書、二四七頁）。

しかしながら、そうはいっても実際には、本書で見てきたハイチ、コンゴ、モザンビークなどのように、新自由主義を基調とする世界市場の矛盾から困難を抱えるに至った場が数多く存在する。そこには、問題を抱えた人びとと〈帝国〉権力との、何らかのぶつかりあいがあるはずである。それなのに、権力には場がないといっていては、おそらく何も解決しない。

では、いったいどうすれば矛盾を解消できるのか。実は、ネグリとハートは、自分たちの〈帝国〉論は何らかの処方箋を示そうとするものではないと断っているのだけれども、二人のいう〈帝国〉の特徴がそのヒントを与えてくれている。世界市場は、たしかに、一見すると平滑に見えるけれども、実際には縦横の断層線によって区切られていて、だからこそ「連続的で均質的な空間であるかのようにみえているにすぎない」。それゆえに、こうしたなかで浮き彫りになる「危機は、〈帝国〉の枠組みのなかの汎‐危機に取って代わられたのである」（同前書、二四七頁）。

この言及から、モザンビークでの実践に関連づけて連想される〈帝国〉の論理と抵抗の局面については、すぐあとで振り返ろう。その前に、〈帝国〉の重要な特徴をもうひとつおさえておこう。

㈤空間の開放性とフレキシビリティ

ネグリとハートは、近代の主権概念は、外部との境界の上に成り立っていたけれども、「〈帝国〉的構想においては、権力は自らが拡大してゆくなかでその秩序の論理がつねに更新され、つねに再‐創造されるのを見出す」という。それゆえ「おそらく、〈帝国〉的主権の根本的な特徴は、その空間がつねに開かれているということである」（ネグリ／ハート二〇〇三、二一七頁）。この文章を読むと、その拡大と同時に、外部にあった地域を周辺域として内部化していく「世界＝経済」システムの見方と同じではないかという錯覚に陥ってしまう。

それはさておき、〈帝国〉の開放性という特徴と本書での考察との関連で重要なのは、〈帝国〉がその開放部分の先端で見せる柔軟性である。〈帝国〉は「世界空間全体にまで及ぶような広域にわたる正当性の生産」を新しいパラダイムのもとで行っていく（同前書、二九頁）。換言するなら、〈帝国〉は、自らが正当だととらえる法や政体や経済などを、〈帝国〉の拡がっていく最先端の部分においてつねに生成していくシステム態だととらえることができる。この際の構造は、「ニクラス・ルーマンのシステム論とジョン・ロールズの正義論の混成体として考えることができる」とネグリとハートはいう（同右書、二九頁）。

◆平滑空間の地下にみなぎる〈帝国〉の権力

私は、プロサバンナ計画に抵抗した人びとの実践を、ここまで見てきた〈帝国〉の四つめと五つめの特徴からとらえてみる作業によって、未来社会の維持可能なガバナンスを希求する人間のありかたについての有益な示唆を得ることができるのではないか、と考える。どういうことか、説明してみよう。

〈帝国〉には、平滑空間があるだけで、〈帝国〉の権力は、具体的な場としてはどこにも存在しない。だから、いたるところに立ち現れる危機は、近代的な権力の作用ではなくて、そうした〈帝国〉の平滑空間の「汎－危機」である——ネグリとハートが依拠するスピノザの汎神論（はんしんろん）が色濃く反映されているこのとらえ方を、私たちはモザンビークでの運動と関連づけて次のように応用できると思うのだ。

平滑空間が拡がり、中心的な権力が存在しない〈帝国〉内部の場は、そうはいっても縦横の断層線が張りめぐらされているがゆえに、随所で「汎―危機」が立ち現れる可能性があるのだった。

これを、私なりの見方に転換してみよう。

〈帝国〉に拡がる平滑空間の上では、平時においては権力の存在が確かめられないかもしれない。でも、断層線から「汎―危機」がいったん立ち現れるのだとしたら、それは、平滑空間に暮らす人びとの願いや希望とは違う〈権力〉の意向が、平滑空間の内側（地下）に、あたかもマグマのように漲(みなぎ)っていて、何らかのきっかけで地上にあふれ出してきた状態だと考えてはどうだろう。また、ひとたび断層線をぬって地上に現れたそのマグマは、たとえば映画『もののけ姫』（宮崎駿監督作品）に出てくる「でいたらぼっち」のぶくぶくのように、その内部に含まれる〈帝国〉の意向へと人びとを従わせようとする、ととらえてみてはどうだろう？

ここで注目したいのは、ネグリとハートが「近代性からポスト近代性へと移行するさいにも本源的蓄積のプロセスは間断なくつづいている」と指摘している事実である（ネグリ／ハート二〇〇三、三三六頁）。つまり、資本主義経済を基調とした世界市場をモデルとして語られるネグリとハートの〈帝国〉では、その拡大と開放の過程において、権力の意向として略奪による蓄積がつねに作用している、ということになる。だから断層線をぬって出てくるでいだらぼっちにも、その意向が練り込まれているはずである。

このとき、地下のマグマに含まれる〈帝国〉の意向は、まさに五つめの特徴のようにある種の「柔軟性」をもって現れる。〈帝国〉は、つねに開かれているのであった。しかも、そうした〈帝国〉は、ルーマンのいうシステム論をモチーフにしているのであった。ルーマンは、時系列的に過去から現在、未来へと続いていくある組織には、オートポイエーシスの作用が働くと指摘している。すなわち、組織というものは、その内部でいろいろと問題が起こっても、それをうまく調整して安定させ、また未来へと向かって歩を進めていくというのである。[注2] だから、でいたらぼっちのぶくぶくのようにあふれ出す〈帝国〉権力の意向を内在させた地下のマグマは、平滑空間の上で生じた問題を、〈帝国〉が正当だと見なすありかたへ向けて安定化させていくために出てくる、ととらえてみたいのだ。

私なりにネグリとハートの「非-場」の考え方を応用したこの見方を、モザンビークでの問題に適用してみよう。〈帝国〉の内部では、当時（二〇〇〇年代の後半）、食料不足への懸念と、それにもとづくアフリカへの投資意欲が高まっていた。このとき中核諸国の一角をなす日本で考案された開発計画は、〈帝国〉の要請と見事に一致したがゆえに、〈帝国〉の意向にもとづくマグマの構成要素となって、モザンビークの地で噴出し、ナカラ回廊の人びとの日常を襲った――こう見ることができるのではないかと思うのである。

ナカラ回廊の人びとは、平滑空間の断層線からこうして出てきた〈帝国〉権力の圧力にたいして支援者とともに抵抗し、自分たちの生活を守り切った。ぶくぶくが自分たちの土地を覆い尽くすのを阻止した。そうであるからこそ、プロサバンナ計画に抗した社会運動の成果には、新自由主義を基調とする〈帝国〉型の統治ではない、維持可能で民主的なガバナンスを希求する人びとのありかたとその特徴とが示されているのではないか、と思うのだ。

そこで次節では、この点について考察してみよう。

2 プロサバンナの運動が示唆するもの――〈帝国〉の論理に抵抗する能動的主体？

◆マルチチュードの可能性

ネグリとハートが、前節で見たような汎神論的な権力の作用に対抗する存在として考えているのが、これもまたスピノザの思想の影響を受けた「マルチチュード」である。

ネグリとハートの思索に影響を与えたパオロ・ヴォルノによれば、「マルチチュードとは『多数的なもの』(molti) あるいは複数性を意味」し、「国家という『政治的決定の独占』に身を任せることなく公的領域のなかで協力して行動する各人の総体のことを意味する」(ヴォルノ二〇〇四、一二頁)。つまりマルチチュードとは、公権力の決定に簡単に与することなく、おかしなことには協力して対処し行動する人びとのありかたを表す概念である。それゆえ「『政治的決定の独占』に身を任せる」ことなく暮らしているマルチチュードは、自分たちの生活を阻害しかねない〈帝国〉権力の意向に触れた場合、それに能動的に対峙し、問題の所在をとらえ、変革する可能性をもつ存在ともなるわけである。

ところが、このマルチチュードの存在は、ヴォルノによるとホッブズに毛嫌いされていた。ホッブズといえば、いちはやく、自然状態に生きる人間は、おのおのの自然権をよい君主に委ねるべしという社会契約説を唱えた哲学者である。社会契約の核心は、ある社会を築こうと集まった人びとには、自然法の要請からなる共通の意志が存在する、という前提にこそある。そうして集まった人びとは、実際に国家が築かれると、よい君主に統治される「人民」となる。しかしマルチチュードは、ふだん、そもそも国家の独占的な決定に与せず、多様なかたちで自らの暮らしを立てている人びとである。だから、ホッブズから見れば、マルチチュードとはすなわち自然状態のうちに暮らし続ける人びとであり、国家の危機を招きかねない存在だったのだ。それゆえマルチチュードは、国家という枠組みに収斂されない、脱領土化された存在でもある。

しかしその脱領土化された自律性という点で、マルチチュードのこの生政治的存在は知的生産性をもった自律的大衆（マス）へと、絶対的なデモクラシーの権力へと――スピノザのいう意味で――変容を遂げ得る潜勢力をもっている。もしこの変容が生じたならば、生産、交換、コミュニケーションに対する資本主義の支配は転覆されてしまうだろう。このような事態を阻止することが、〈帝国〉の統治の第一の、かつ主要な課題である。（ネグリ／ハート二〇〇三、四三三～四三四頁）

つまり、マルチチュードは〈帝国〉という文脈のなかで「政治的主体に生成しうる」（同右書、四八九頁）可能性をもった人びとであるからこそ、〈帝国〉はそれを阻止しようとするとネグリとハートは指摘しているのだ。だからこそ、平滑空間の断層線からもこもこと姿を現す〈帝国〉権力は、その意向に左右されずに暮らしている人びとの前では、暮らしを破壊する、より先鋭的な障害物へと姿を変える。そして、そのようなぶくぶくが当該地域の人びとの暮らしを呑み込んだ後には、断層線がふさがれ、より「安定」した〈帝国〉の平滑空間へと再編されていくのである。

こう見てくると、一九九〇年代の民主化後も続く政情不安のなか、国中枢の政治の動きと距離をとりつつ小農として生きてきたナカラ回廊の人びとは、まさに、公的な決定に与せず多様な〈農〉を営んできたという意味で、マルチチュードとしての側面をもって暮らしていたとはいえないだろうか。だからこそ、〈帝国〉権力の意向が牙を剝いてきたとき、それに抗する自律的な主体として立ち上がったと見ることはできないだろうか。

こう考えると、ネグリとハートの次の言葉は、まるでモザンビークの人びとの動きを指し示しているかのような、含蓄ある内容に思えてくる。

マルチチュードは強制的に絶え間ない移動状態に置かれるのではなく、ひとつの場所に留まることを享受する権利をもたなければならない。自分自身の移動を管理するという一般的権利は、グローバルな市民権へのマルチチュードの本源的な要求である。この要求は、マルチチュードの生産と生に対する〈帝国〉の基本的な管理装置に挑みかかるものである限りにおいて、ラディカルなものである。空間に対する管理権を再領有し、こうして新しい地図作成術を構想するマルチチュードの力、それがグローバルな市民権なのである。（同前書、四九七頁）

公的権力から距離を保っていたナカラ回廊の人びととは、平滑空間の断層線から流れてきた〈帝国〉権力の「略奪による蓄積」の意向を内包するマグマの鳴動が、自分たちを強制的に移住させ、賃金労働者としての生きかたを強制しようとするらしいと俊敏に察知した。そして、計画を主導する日本やブラジルで暮らすも、そうした動きをおかしいと感じる周辺部の人びとと協力して、誰にも縛られず自らの土地で暮らしたいという意味での権利を、誰もが守られるべきものとしてグローバルに提起した。そうした連帯によって、アフリカの大地を世界の食糧生産基地にしようと画策する〈帝国〉の意向を跳ね返し、自分たちの生きる地域を自分たちの力によって管理するのだという意志を、〈帝国〉権力の一部を担う計画への参加国政府とその出先機関に確認させた。

こうとらえてみると、ナカラ回廊の人びととそれを支援する人びととの実践はまさに、拡大していく〈帝国〉の平滑空間の上に「新しい地図」を作成しようとする「マルチチュードの力」であり、その力を行使した結果として「グローバルな市民権」を顕現させ、〈帝国〉権力に認めさせていく運動だったといえるだろう。

◆マルチチュードの連帯が生んだ小農の権利

ここまで、ナカラ回廊の人びととそれを支援する人びとにはマルチチュードとしての側面がみられるのではないか、それゆえに、〈帝国〉権力の意に反し、自分たちの生産の場であり生活の場でもある大地を、自分たちの管理する空間として守り通せたのではないか、と指摘してきた。しかしながら、新自由主義を基調とした〈帝国〉が、資本蓄積のための画一的な生活様式へと人びとを統合し、均一化しようとする動きは、東西冷戦が終わり、新自由主義型の資本主義経済を基調とする「世界=経済」システムがグローバル化しはじめて以降、あらゆるところで顕在化している。その具体的かつ顕著な例が、本書で見てきたような世界各地での小農の受難であったのだ。
農民作家で小農学会の創設メンバーである山下惣一は、南米で実際に見た光景を交えつつ、新自由主義経済のグローバル化が小農に与えた影響について、次のようにわかりやすく指摘している。

〜前略〜農地が他の商品と同じように自由に売買できる社会では、農場は株式市場の株券と同じ投資・投機の対象なのだ。そして、農業不況こそは独占・寡占を推進するビジネスチャンスなのである。/〇三年の秋、私はまた南米へ行った。〜中略〜高速道路沿いの農業で、ブラジルだけではなく南米で初めて「落下傘部隊」を見た。不法居住者である。都市スラムならぬ農村スラムだ。これは、メキシコにはものすごく多い。ある日突然空から舞い降りてきたように住みつくことから、名づけられたのだそうだ。バラックの家を建てて、どんどん増えていく。そして、一定の数を超えるともはや地主も警察も追い出せなくなるという。/つまり、農業が大規模化を実現していくと、当然ながら一方に土地なし農民が増え、貧富の差が拡大し、社会不安が高まる。グローバリゼーションのこの一〇年間は、その事実を証明したといえるだろう。(山下二〇〇六、八一頁)

こうした事態に陥るのを回避すべく〈帝国〉の意向に抵抗するには、ナカラ回廊の人びとが身を拠して示してくれたように、自分たちの暮らす地域を拠点とした権利の主張が必須の条件になってくると思われる。だがローカルな抵抗だけでは、おそらくこれからも、でいだらぼっち化した〈帝国〉のマグマに多くの地域が呑み込まれ、資本の論理が貫徹する平滑空間へと均されていってしまいかねない。

では、小さな地域がこのような動きに対抗するためには、いったいどうすればよいのだろうか？これもまたモザンビークの人びとが示してくれたように、地域でのマルチチュードとしての抵抗は、他の地域のマルチチュードと連帯し、グローバルな規模で特定の様式に縛られずに生きる権利を広く可視化し、〈帝国〉の作用に抵抗する視座として鍛えあげていく必要があるのだと思う。

実は、そうした対抗運動は、すでに各地で始まっていた。それは、世界各地の小農の人びとが連帯し、自分たちの権利を獲得していこうとする動きであった。その結果、二〇一八年一二月、国連総会で「小農の権利」宣言が採決に付され、賛成多数で条約として発行される運びとなった。

小農の権利は、いくつもの側面で、ナカラ回廊の人びとの生活がなぜ守られなければならなかったのか、その理由を説明してくれる。まず注目したいのは、小農と農村で働く人びとが「適切な生活条件を享受するために必要とする、自らの居住地域に存在する自然資源にアクセスし、それらを持続可能な方法で利用する権利」（第五条1）である。この権利は、国連憲章にもつながる、当該地域の資源の自決権は当該地域の人びと以外にはない、という大原則の確認となっている。

では、そうした地域で、部外者が開発行為を行おうとした場合、どういった前提が必要となってくるのか。それは「参加の権利」である。「小農と農村で働く人びとは、自らの生命、土地、暮らしに影響を及ぼし得る政策、計画、および事業の準備と実施に対し、主体的かつ自由な、直接および／あるいは自らを代表する組織を通じた、参加の権利を有する」（第十条1）。しかも、こうした計画が進められようとする際、「加盟国は、小農と農村で働く人びとの生命、土地、暮らしに影響を及ぼし得る事柄の意思決定（プロセス）において、これらの人びととの実効性を伴った参加の実現を保障するとともに、これらに関する透明かつ時宜にかなった、適切な情報へのアクセスを確実にするための適切な措置をとる」（第十一条2）、「生産、販売、流通にかかわる情報に対する権利」の尊重を求めている。ほかにも、ＵＮＡＣのような組織をつくる「結社の自由」（第九条）、「思想、言論、表現の自由」（第八条）といった基本的人権に関わる権利はすべて尊重すべきものとして、その重要性が謳われている。

　しかしプロサバンナ計画では、前二章で見たとおり、こうした権利が尊重されていたとはいいがたい。もちろん、小農の権利は二〇一八年にようやく発効されたし、その後も日本は批准していないから、必ずしも尊重義務はなかった、という理屈も成り立ちうる。けれども、プロサバンナ計画が企画され実行に移されようとしていた二〇〇〇～二〇一〇年代は、ちょうど小農の権利が形づくられていく運動の隆盛期と重なっていた。エステバンさんがナンプーラ州の代表を務めていたＵＮＡＣもまたこの世界的な運動の一員として参加していたため、理論的な成果を共有していた。そして日本政府もＪＩＣＡも、小農の権利にちりばめられている正論をぶつけられると否定することはできず、密かに住民の分断を謀るほかなかった。それゆえ、プロサバンナ計画の中止は、ナカラ回廊の人びととそれを支援する人びとだけではなくて、小農の権利を紡ぎつつあった世界中の小農の、マルチチュードとしての運動がもたらした成果だった、といえるかもしれない。

◆小農の権利条約を結実させたビア・カンペシーナの運動

そこでここでは、小農の権利を生んだ運動の歩みについてたどっておこう。

小農の権利を国連が謳うに至った背景には、世界中の小農組織が集まって組織されているNGO「ビア・カンペシーナ」の存在と運動があった。一九九二年に設立されたビア・カンペシーナは、六九の国と地域の一四八の農民組織からなり、モザンビークのUNACも加盟している。

ビア・カンペシーナ（La via Campesina）とは、スペイン語で「小農の道」を意味する。[注3] マーク・エデルマン、サトゥルーノ・ボラスJr.（二〇一八）によると、「ビア・カンペシーナを構成しているのは（1）中南米やアジアの地域の土地なし農民、借地農民、小作人、農村労働者、（2）西ヨーロッパ、北米、日本、韓国の季節農家を含む小〜中規模の家族農家、（3）自給農家か企業農家かを問わず、南の家族農家（アフリカの家族農家や、ブラジルやメキシコなどで農地改革の結果として新たに誕生した家族農家を含む）、（4）インド、北米、カナダなどの地域の中規模あるいは裕福な農家、（5）中南米などの地域で多種多様な生産活動を行う先住民族コミュニティ、（6）ブラジルや南アフリカなどの国の都市近郊に暮らすセミプロレタリアート、に分類される人々である」（五三頁）。このように多様な顔ぶれだけれども、本書で見てきたような農民の受難に対する問題意識は強く、いちはやく小農の「食料主権」を掲げ、国連へのロビー活動を行ってきた。国連の側でも、良識ある内部組織や人物がビア・カンペシーナの主張を受け入れ、小農の状況を調査したり、どのような権利が必要か意見交換をしたりしてきた。その成果が、国際条約たる小農の権利として実ったのである。

エデルマンとボラスJr.によると、小農の権利が国連によって取り上げられていく経緯は次のとおりである。小農の権利宣言のおおもとには、インドネシアの農民組織が、一九九八年、スハルト政権崩壊後に紡いだ農民の権利に関する宣言文があった。「ビア・カンペシーナのアジア支部は、小農の権利に関する国際宣言の草稿を書くうえで、このインドネシアの宣言文を下敷きにした」（エデルマン／ボラスJr.二〇一八、一四〇頁）。その後、二〇〇一年の世界社会フォーラムでこの権利を披露したビア・カンペシーナは、ヨーロッパのNGO「ヨーロッパ＝第三世界センター」（CETIM）と出会い、CETIMの支援を受けて「インドネシアのリーダーであるヘンリー・サラギを国連人権委員会での演説に派遣」した（同右書、一四〇頁）。それ以降もサラギを中心としたメンバーは、成果が上がらずとも国連でのロビー活動を続けた。そして、二〇〇八年の世界同時食糧危機を受け、ビア・カンペシーナが全面的な書き直しを行った「小農の権利に関する宣言」は、食糧危機を深刻な問題と受け止めていた国連人権理事会により受容され、「食への権利の文脈における差別に関する予備調査報告書の付録として全文が掲載された。その後、二〇一二年に国連が提出した『小農と農村地域で働く人びとの権利向上に関する最終報告書』の付録では、「ビア・カンペシーナの草稿に酷似する、国連人権委員会独自の『小農の権利に関する宣言』が掲載された」（同右書、一四一頁）。

こうして見てくると、二〇一〇年代には、二〇〇八年の食糧危機を境に、アフリカが最後のフロンティアとして〈帝国〉により農地開発の投資先とされるかたちで、本源的蓄積をより強めながら食糧危機を回避しようとする動きがあった一方で、国連が主導するように、小農の権利を擁護しつつ食糧危機を回避しようとする動きも並行してあったのである。

◆〈マルチチュード的コスモポリタン〉という生きかた

私は、小農の権利宣言へと結実した小農による世界的な運動のなかにこそ、維持可能な民主的ガバナンスを希求する人びとのありかたが示唆されているのではないかと考える。

先のハートとネグリの思想を応用すると、ビア・カンペシーナの運動は、各地の小農が迫りくる〈帝国〉権力から距離を保ったうえで自分たちの耕す大地を守ろうとすると同時に、同じような境遇にありながらも、違った土地で暮らす小農同士が互いにつながり、共有しうる価値を模索し、それを権利として確定しようとするマルチチュードとしての実践だった、というふうにとらえることができる。この際、世界的に連帯した人びとは、自分たちのコミュニティに依拠しつつ、その空間を自ら管理するというローカルな権利を、その確保が困難な人びとも使える小農の権利として普遍化するという、ローカルとグローバルとの二重の視点を併せもって活動していたといえる。

だとすると、小農の権利運動に携わった人びとは、〈帝国〉権力のもたらす生活破壊に直面するマルチチュードとしての側面をもっていた。と同時に、その逆境を跳ね返すための武器を、国連という「公的領域」(ヴォルノ)のなかで有効に作用する権利として、すなわち、同じような境遇にある人びとなら誰もが使える権利として措定することを目指したという意味で、コスモポリタンとしての側面をもってもいた。だから、小農の権利につながる考えを最初に紡いだインドネシアの人びとも、ビア・カンペシーナに加入しその視点を自分たちのものとして闘ったナカラ回廊の人びとも、こうした二重の視点をもつ実践主体だったといえるように思うのだ。

実は、マルチチュードとして生きる人びとが〈帝国〉のでいだらぼっちに出会わずに生きることができるかぎり、「政治的決定の独占」(ヴォルノ)に縛られることはない。だから、ここで注目しているコスモポリタンとは相性が悪い。なぜなら、世界市民としての権利が地球上のどのような国であれ守られるべきだ、という自然法的な規範を前提するのがコスモポリタニズムだからである。すなわち、ここでの世界市民とは、地球をひとつのコミュニティと見立てたうえで、社会契約の前提となる自然法の要請を守ろうと意志する人びとの集合が想定されているからである。つまり、コスモポリタンは、そもそも自然状態にあると想定されるマルチチュードとは対極的な生きかたなのだ。それゆえ、両者は本来ならば相性が悪い。

ところが、〈帝国〉権力が、新自由主義思想にもとづく資本主義的経済様式を拡張し続け、地球上を余すところなく覆い尽くそうとしている現段階においては、マルチチュードとてその圧力から逃れ、安寧に生き続けるのは難しい。その矛盾が先鋭的なかたちで表出したのが、〈帝国〉権力によってその多くが土地から引き剝がされ、これからも土地から引き剝がされかねない状況におかれている小農の暮らす場であった。このとき、マルチチュードとして暮らす各地の小農たちは、〈帝国〉から離れたある種の自然状態にあったからこそ、おのおの自然権を発動して連帯し、「公的領域」(ヴォルノ)で使える武器としての小農の権利を紡ぎあげ、それを「グローバルな市民権」

〈ネグリ／ハート〉として主張するという仕方で、コスモポリタンな生きかたを実践する主体へと自らを変容させられたのではないかと思うのだ。スピノザがいうように、「自分を守る権限」としての「自然な権利というものが完全に奪われるようなことはありえないのである」（スピノザ二〇一四、四八頁）。

> マルチチュードの生産様式は、労働の名のもとに搾取に対抗し、協働の名のもとに所有に対抗し、自由の名のもとに腐敗に対抗しながら現れる。マルチチュードの生産様式は、労働において身体を自己価値化し、協働をとおして生産的知性を再領有し、自由のもとに存在を変容させるのである。（ハート／ネグリ二〇〇三、五〇六頁）

そこで、マルチチュードとしてローカルに根ざした暮らしを営みつつも、そうした暮らしの多様性を守るため、〈帝国〉の圧力が表出したときには連帯して公的な行動を起こし、権利を確定しようと奔走するコスモポリタンとなるけれども、権利が確定したのちには、お互いの多様な生活の維持を認めあいながらマルチチュードとして日常を送り、また問題が発覚すると互いに連帯する、という人びとのありかたを、私は〈マルチチュード的コスモポリタン〉と呼びたい。そして、このような人間の存在様式は、地球の維持可能性を保持しうる多様な生活や経済のありかたを担保する民主的なガバナンスを支える、基本的な人間のありかただといえるのではないかと提起したい。そのうえで、〈マルチチュード的コスモポリタン〉は、第Ⅰ部第三章で予告していた、ローカルな次元からの階層性をもつグローバル・ガバナンスを担いうる、ひとつの人間のありかたを体現するものとしてとらえたい。

3 コスモポリタニズムの理念とマルチチュードとの接合

とはいっても、ここまでコスモポリタニズムの中身について触れることがないまま〈マルチチュード的コスモポリタン〉を定義してしまったので、その基本視座について考察したうえで、マルチチュードとコスモポリタンが接合しうるのか、という点について探っておこう。

まず確認したいのは、古賀敬太によると「すべての人が『人類共同体』の一員として、また『人間』として、平等の倫理的価値と尊厳をもっているということに尽きる」（古賀二〇一四、二頁）のが、コスモポリタニズムの基本的な考え方だという点である。本書で注目するデヴィッド・ヘルドもまた、自らのコスモポリタニズムの基礎にこの基本的価値をおく。

コスモポリタニズムは、第一に「基本的価値のこと」（ヘルド二〇一一、七二頁）を指すとヘルドはいう。そして、グローバルな機関の代表者かどうか、国家かどうか、市民団体かどうかといった区別を問わず、「この価値に即して、侵すことができない規準と範囲が設定されるべき」（同右書、七二頁）だとヘルドはいう。つまり、公的機関、国家、市民団体、あるいはそのほか何であれ、それらの多様性は認めたうえでなお、みんなが守るべき基本的価値があるとヘルドはいうのだ。

こうした価値には、人々が根本的に平等であり、政治的にも平等に遇されてしかるべきであるとする理念が、つまり、生育地を問わず、自らの機関の平等な配慮と考慮を受けてしかるべきとする理念が含まれていることになる。（同前書、七二頁）

この、人びとの平等という公平性の原理は、ヘルドのコスモポリタニズムの基本原理の要をなしている。そして、このように、誰もが公平に扱われるようになるためには、民主的な機関が、ローカル、ナショナルレベルだけでなく、リージョナル、グローバルなレベルでも設定され、そのなかで、人びとは自らの意志と能動性にのっとって、最大限に自由な環境で生きることができなければならないという。それゆえヘルドは、コスモポリタニズムの第二の意味を次のように措定する。

国民国家の主張を超えるレベルで権力と権利や規制が生まれ、原理的には、政治権力の性格と形態に広範な影響を与えているが、コスモポリタニズムとは、こうした政治的調整と立法の諸形態にかかわることであると受け止めることができる。（同右書、七三頁）

つまり、ヘルドのコスモポリタニズムの基本理念は、元来、国家だけが権利や規制をつくる排他的な権力をもつと見なされてきたけれども、人びとの平等という公平性の原理を基礎におけば、ときに抑圧的にもなる国家の枠を超えた次元で、人びとの権利を創造したり、国家権力を抑える規制を生成したりする実践も必要なのだ、それゆえ、そのためのグローバルな民主政が必要なのだというかたちをとっているのである。ここからヘルドは、国家間の戦争が規制されるようになったウェストファリア条約モデル、戦後の国連モデルと進展してきた国際関係を止揚するかたちで、社会民主政を基調とする〈民主主義のコスモポリタン・モデル〉を提唱する（ヘルド二〇〇二、三〇九頁）。

このようなコスモポリタニズムは、その実現のために、公平性の原理に加えて自律性の原理が重要になってくるとヘルドはいう。そして、自律の原則には「人民は自己決定する存在でなければならないという理念」と「民主主義的な政府は限定的な政府――法的に制限された権力構造を維持する政府――であらねばならないという理念」の二つが含まれると強調する（同右書、一七五頁）。こうした前提のうえで、ヘルドによって示される自律性の原理は、次のとおりである。

> 人は、自らにとって入手可能な機会を創出し、またそれに限界を定める政治的枠組みを規定することにおいて平等な権利とそれに応じた平等な義務を享受しなければならない。つまり、人は、他者の権利を無効にするためにこの枠組みを利用しない限り、自らの生の条件を決定するにあたり自由かつ平等な存在でなければならない。（同右書、一七五頁）

もちろん、公平性の原理と自律性の原理を基本理念とするコスモポリタニズムは、いまだ実現されていない、ひとつの選択肢としてである、未完の未来世界のかたちである。だから、その実現可能性は、つねに揺れ動く世界での、オルタナティブを模索する新しい動きの波から、既存の社会における民主主義を変革していけるかどうかにかかっている。

民主主義のコスモポリタンなモデルを確立することは、一定の地点を空間的に超える、地域機関や国際機関、あるいは地域レベルの議会や国際的議会のネットワークを通じて、「外部」から民主主義を錬成し、強化することによって、共同社会と市民集団の「内部」で民主主義を強化しようとする方法にほかならない。（同前書、二七〇頁）

そして、ここで注目すべきは、この後に続く「外部」の動きに関するヘルドの言及である。

このネットワークを追求するための誘因が、数多くの過程や勢力の中に見つけられる。たとえば、天然資源や環境の保護、疾病や不健康の廃絶などの明白な地域的あるいは世界的目標を持ったトランスナショナルな草の根の運動の発展が挙げられよう。（同右書、二七〇頁）

矛盾だらけの世界を「外部」から変えようとするのがコスモポリタンである、とヘルドがいうことの意味は大きい。なぜなら、既存の政治枠組みからの正当な配慮を受ける枠外にいるコスモポリタンは、まさにマルチチュードであるともいえるからである。また、そうしたマルチチュードが、自分たちの受けている問題について改善する視点を、同じような問題に直面している人びとにも遍く適用されるべき正当な権利やルールとして主張するならば、それはまさに、さきにあげた〈マルチチュード的コスモポリタン〉としての活動にほかならないからである。それゆえ、マルチチュードとコスモポリタニズムとは、実は、その理念の部分において接続しているように思うのだ。

4 地域の声と支援

しかし、〈マルチチュード的コスモポリタン〉としての活動によって結実したあらたなグローバルな権利やルールが、絶対に守られるべき金科玉条として君臨すべきではない、という点に注意したい。あらたな圏域の設定は、同時に、その外部をあらたな排他的領域にしてしまうからである。(注4)

小農の権利に関していえば、ロシアの侵略によって困難な状況にあるウクライナのように、広大な大地ゆえにそもそも大規模農場を伝統とする地域もあるだろう。また、大規模な農業が可能な地域では、実際に農地が集積され大規模化されていくところもあるだろう。だが後者の場合、ブラジルやモザンビークの事例で見逃してはならない問題は、そこを現に耕す小農の合意形成があったのかどうか、という点であった。小農の耕す土地は、資本を蓄積したい人びとのものではない。そこでまかれるタネや、伝統的に使用されてきた天然の農薬などもまたしかりである。小農の土地や知恵を資本の論理によって集約しようとする場合は、当事者を含めた合意形成が必須のはずである。

國分功一郎によると、スピノザの想定する汎神論の根本的な考え方は、「神は絶対的な存在であるはず」だから「神が無限でないはずがない」、「そして神が無限ならば、神には外部がないはずだから、したがってすべては神のなかにあるということ」である（國分二〇二〇、三六頁）。だが〈帝国〉は、そのようなスピノザの汎神論と構図が同じだとネグリとハートがいうだけで、似て非なるものである。なぜなら、それは人間が築いたシステムにほかならず、誰にとっても受容できる万全なものとはとうていいえないし、それゆえに、ネグリとハートの意に反して、平滑空間へと均していくべき外部が存在するからである。しかも新自由主義を基調とする現代の〈帝国〉には、本書で見てきた自由主義、自由民主主義の問題点と、その背後にある「文明と野蛮」図式も胚胎しているのだから、マルチチュードとして生きる人びとに受け入れられないのは当然といえるのである。

こういう前提に照らすと、プロサバンナ計画のように、大規模開発によって生産力を向上させてあげるという論理には、「文明と野蛮」図式に通じる、小農を未開の人びとだと措定する視座がどうしても透けて見えてしまう。また、実際には自分たちの国の食料を確保するという目的があるにもかかわらず、この点も覆い隠されてしまう。そして、開発の仕方しだいでは資本蓄積欲求をもつ人びとの利権が優先される自由主義の弊害が、小農の人たちの〈農〉のある暮らしやその基盤としての〈いのち〉の破壊につながりかねない、という歴史的な事実を置き去りにしている。ここには、多様な生きかたを尊重する視点がみられない。こういった開発の問題点に警鐘を鳴らし、開発計画の対象地に住む人びとの権利を尊重し、情報を隠すことなく合意形成が図られるようにするために、政治的な決定から距離を置くマルチチュードとして暮らしつつ、問題が起こったときには「外部」からコスモポリタンとしての連帯を発動させ、既存の政治枠組みの「内部」に変革を迫るという〈マルチチュード的コスモポリタン〉としての生きかたが、民主的なグローバル・ガバナンスを形成するうえでのカギになってくるのではないか、と私は主張したい。

以上の点を確認したうえでの次なる問いは、〈マルチチュード的コスモポリタン〉の生きる地域を基盤としたガバナンスはいかにして可能か、ということになる。そこで第Ⅲ部では、マルチチュード的コスモポリタンが生きる、〈地域コミュニティ〉の視点から見たオルタナティブなガバナンスの骨格について、試論的な考察を行いたい。

【注】

（注1）スピノザ二〇一四、四八頁。

（注2）「ルーマンが、社会システムはオートポイエティック・システムであると言うとき、これが意味するのは、社会システムはそれ自身の基礎的な作動、つまりコミュニケーションを産出し再生産するということである」（ボルフ二〇一四、六三頁）。

（注3）マーク・エデルマン、サトゥルーノ・ボラスJr.二〇一八、一五頁。

（注4）「抵抗する主体が構築するアイデンティティとは、構築された瞬間に新たな他を排除する閉鎖的なアイデンティティ（みずからが線引きする側になっている）になり下がってしまう」（片山二〇〇九、五二頁）。

【参考文献】

片山善博（二〇〇九）「共生に関する一つの考察——承認論を軸に」『哲学から未来をひらく③　共生と共同、連帯の未来——21世紀に託された思想』青木書店

川原　彰（二〇〇四）「〈帝国〉とグローバル・ガバナンス——グローバルな政体構成と民主主義」、内田孟男・川原彰編著『グローバル・ガバナンスの理論と政策』第三章、中央大学出版局

國分功一郎（二〇二〇）『はじめてのスピノザ——自由へのエチカ』講談社現代新書

古賀敬太（二〇一四）『コスモポリタニズムの挑戦——その思想史的考察』風行社

山下惣一（二〇〇六）「グローバリゼーションと日本農業の道筋」『儲かればそれでいいのか』第三章、コモンズ
D・ヘルド（二〇〇二）『デモクラシーと世界秩序――地球市民の政治学』佐々木寛・遠藤誠治・小林誠・土井美穂・山田竜作訳、NTT出版
D・ヘルド（二〇一一）『コスモポリタニズム――民主政の再構築』中谷義和訳、法律文化社
A・ネグリ、M・ハート（二〇〇三）『〈帝国〉――グローバル化の世界秩序とマルチチュードの可能性』水嶋一憲・酒井隆史・浜邦彦・吉田俊実訳、以文社
B・D・スピノザ（二〇一四）『神学・政治論（上）』吉田量彦訳、光文社古典新訳文庫
C・ボルフ（二〇一四）『ニクラス・ルーマン入門――社会システム理論とは何か』庄司信訳、新泉社
P・ヴォルノ（二〇〇四）『マルチチュードの文法――現代的な生活形式を分析するために』廣瀬純訳、月曜社
M・エデルマン、S・ボラスJr.（二〇一八）『グローバル時代の食と農2　国境を超える農民運動――世界を変える草の根のダイナミクス』船田クラーセンさやか訳、明石書店
船田クラーセンさやか訳（二〇一九）「小農の権利に関する国連宣言」、小規模・家族農業ネットワーク・ジャパン（SFFNJ）編『よくわかる国連「家族農業の10年」と「小農の権利宣言」』Ⅳ、農文協ブックレット

【参考映像資料】

TBS『報道特集』特集「プロサバンナ計画、誰のため?」二〇一三年六月四日放送

コラム 2

コスモポリタニズムの系譜

古賀敬太によると、「コスモポリス（kosmopolites）という言葉を世界市民の意で初めて使ったのは、樽のなかで隠遁生活をしていた古代ギリシアの哲学者ディオゲネスである。ただし、ポリス間の抗争と排他性を嫌っていた彼は、自分はどこにも属さないという消極的な意味をこの語に込めて使っていた。それに積極的な意味あいを付与したのが、ストア派の創始者ゼノンである。古代ローマの思想家キケロは、この思想の意義をさらに広く訴えかけていった。

人は、自分の利益のため家族や知人から何かを奪いとろうとはしない。なのに、なぜ異邦の人への侵害なら許されるのか。同胞も異邦の人も同じ人間である以上、許されるはずがない。キケロはそう強調する。

では、キケロがこのように他者への侵害を批難するとき、誰もが絶対に守るべきだとする法とは何か。それは「自然の理法」（自然法）である。キケロによれば「各民族の法律においても、自分の利益のために他人を損ねてはならないと、きめられている」。そして「この原則に更につよい執行を強いるのは、自然の理法そのものであって、それはすなわち神の、また人の法律である」（キケロ一九六一、一五二頁）。それゆえキケロは、みんな同じ人間としてのつながりを大事にしようとする徳こそ「あらゆる道徳の主であり王でなくてはならない」と強調する（同右書、一五五頁）。

こう見てくると、古賀がいうように「キケロのコスモポリタニズムを形成しているのは自然法思想であり、万人が自然法規範によって、理性と道徳的選択能力を付与されており、国境を越えた道徳的共同体が存在するという発想である」（古賀二〇一四、二二頁）。これは「『人類共同体』という理念を規制原理として国民国家の排他性を克服しようとする『道徳的コスモポリタニズム』」である（同右書、二頁）。

このような道徳的コスモポリタニズムだけでは、価値観の多様性に起因する紛争やテロなどに対応しきれないという限界も指摘されるけれども、カントに受け継がれ、いまでもさまざまな論者によって言及される重要な政治思想であり続けているのは間違いない。

【文献】

古賀敬太（二〇一四）『コスモポリタニズムの挑戦』風行社

キケロ（一九六一）『義務について』泉井久之助訳、岩波文庫

第Ⅲ部

維持可能な民主的ガバナンスのかたち

第Ⅰ部では、経済システムを媒介とした、私たちと遠い国の人びととの間での構造的暴力の現実およびその発生要因を、哲学、思想の観点から探ってきた。第Ⅱ部では、そうした構造的暴力を緩和するにはどうすればよいのか、という観点から、大豆をとりまく構造的暴力の事例をひも解きつつ、〈帝国〉の論理に抗する〈マルチチュード的コスモポリタン〉として生きる人びとが、オルタナティブなガバナンスの担い手になっていくのではないかと提起した。

第Ⅲ部では、第Ⅱ部までの考察をふまえつつ、いよいよ、〈マルチチュード的コスモポリタン〉が希求する〈地域コミュニティ〉と個の自由とを基盤としたグローバル・ガバナンスはいかにすれば可能か、という問いを立て、その実現可能性を探っていく。そのために注目する具体例として、戦後、私たちの社会が高度成長していくなかで急速に消費が拡大していった木材に焦点を当てる。

なぜか。戦後、東南アジアからの木材輸入が増大していった陰で、東南アジアの木材輸出国と私たちとの間には、構造的暴力が生まれてしまった。けれども、それに抗して立ち上がった地域の能動的な実践のなかに、オルタナティブなガバナンスへ向けたローカルな取り組みを示唆する視点があるのではないか、と思うのだ。第七章では、フィリピンの事例からこの点について考察する。

それをふまえ、第八章では、どうすれば〈地域コミュニティ〉と個の自由とを基盤とした、維持可能で民主的なオルタナティブ・ガバナンスを醸成していくことができるか考察する。そのために、七章までの知見を収斂するかたちで、「世界=経済」システムが国内外で周辺域にもたらす問題をおさえたうえで、それを超えうるガバナンスはいかにすれば可能か、本書なりの展望を示すよう努めたい。

第七章

人間と〈地域コミュニティ〉の自律にとって重要な視点とは？

——日本とフィリピンとの森をめぐる話から考える

グローバリゼーションは「トップダウン」で作動するのではない。グローバリゼーションは、ローカルに基盤を置く集団が自らを再発明するプロセスなのであり、新たな政治的・経済的・文化的機会を提供することもできる。(注1)

ジェラード・デランティ

1 〈帝国〉の論理とエコロジー問題とを併せて解決するガバナンス

コンゴで住み慣れた土地から追われた人びと、ハイチで棄農に追い込まれたり泥クッキーを食べざるをえなかったりした人びと、セラード開発で土地を追われたり、プロサバンナ計画で土地を追われるかもしれなかった人びとの受難に共通しているのは、次のようなことであった。

まず、新自由主義を基調とする〈帝国〉が、現代帝国主義の構造を駆動させて自らを維持しているがゆえに、土地に根ざして生きている人びとが生活の場を追われるという暴力が作用しているのだった。次に、そうした暴力のなかで、人びとの暮らす社会環境だけでなく、暮らしと密接に関わる周囲の自然環境もまた〈いのち〉もろとも破壊されていくのだった。さらに、そうしたプロセスのなかで、私たちは、知らず知らずのうちに、加害者側に立たされてしまっているのだった。

こうした、〈帝国〉の論理によるシステマティックな暴力の連鎖を押しとどめ、維持可能な社会へと転換していくには、どうしたらいいのだろうか？　これが、本章における第一の問いである。

加えて、本章で問うべき視点がもうひとつある。私たちは、自国にない鉱物資源を確保するプロセスだけでなく、自分たちで生産できる農作物まで海外産に頼るなかで、輸送にかかる石油資源を浪費し、温室効果ガスの大量排出に寄与してしまい、地球の自然環境にも負荷を与え続けているのだった。エコロジカル・フットプリントという指標によると、もし世界中の人びとが私たちと同じような暮らしをしたら、地球が二・九個ないと維持できないという。(注2) 日本の一般的なライフスタイルは、それだけ膨大な資源やエネルギーを消費し、地球に負荷を与え続けているのである。先進国だけでなく、新興国でも途上国でも、消費されるエネルギーや資源は毎年増え続けている。しかも、消費する人口も年々増加している。その結果、地球全体で、非循環型の経済活動が自然を破壊していく結果になるというエコロジー問題が、私たちの未来に暗い影を落としている。この問題をどうやって解決していけばよいのか、というのが本章における第二の問いである。

これら二つの問題、すなわち〈帝国〉の論理による暴力とエコロジー問題、両者を併せて改善し維持可能な社会を築いていくには、どうすればよいのだろうか？

　この難題について考えるとき、私は、ここまでたびたび述べてきたとおり、〈地域コミュニティ〉を基盤とした生活が尊重され、そうした地域からあがってくる生活に根ざした意見や要望が、ローカル、ナショナル、リージョナル、グローバルそれぞれの次元で反映されていくというかたちでの、ボトムアップ型の民主的ガバナンスがひとつの選択肢になると考える。

　この点について、ソーシャル・エコロジーの提唱者マレイ・ブクチンは次のように問いかける。


エコロジーは本質的に鋭い二者択一を提示した。すなわち私たちは、分権化、自然との新しいバランス、社会的諸関係の調和にもとづく、一見したところ「ユートピア的」な解決策に向かうのか、それとも、地球上における人間の生活の物質的および自然的基礎の破壊という現実に直面するのか、という選択である。（ブクチン一九九六、二四六頁）

ブクチンのこの問いかけを換言するならば、〈帝国〉の論理により、このままのペースで資源やエネルギーを消費し続けたら人類が破滅するかもしれない、そうした結末を迎えないようにするには、いまとは異なるガバナンスでの社会を築いていく必要がある、ということにほかならない。

　そこでここからは、二章にわたり、〈帝国〉の論理による生活環境破壊や自然環境破壊の問題と、エコロジー問題とを併せて改善しうる望ましいガバナンスのかたちについて考察する。

　本章ではまず、この問いについて考察するうえでヒントを与えてくれる環境思想、政治思想に共通してみられる視点を抽出する（2節）。次に、その有効性を検討するため、日本とフィリピンとをとりまく木材を介した構造的暴力とそれに抗する地域の事例から考察する（3～4節）。

次章では、以上の考察をふまえ、先にあげた二つの課題を乗り越えうるものとしての、〈地域コミュニティ〉を基盤としたボトムアップ型のガバナンスは可能か、本書なりの展望を示したい。

2　ゆきすぎた資本の論理を抑えるための四つの視点

◆考察の前提

脱成長論、エコソーシャリズム、ソーシャル・エコロジー、エコフェミニズムといった環境思想や、コスモポリタニズムという政治思想に共通の諸視点は、エコロジカルなオルタナティブ・ガバナンスを考えるためのヒントを与えてくれる。もちろん、これらの思想の内容はかなり異なっている。在来の社会主義の独裁性や環境破壊に至った歴史を批判しつつ、マルクスの思想に内在するエコロジー思想を抽出しようとするエコソーシャリズムと、マルクスに足りない（とその論者たちが考えている）社会的性差の視点を補いつつ循環型の社会を目指すエコフェミニズム、ソーシャリズムの視点を超えてアナーキーな共同体の連合体によるエコロジー社会を目指すソーシャル・エコロジーとでは、マルクスのとらえ方でかなり対立する部分がある。また、ソーシャル・エコロジーとエコフェミニズムとの相いれない面もあったりする。（注3）

私自身は、エコロジカルな社会を築いていくうえで、環境思想にいくつもの潮流がある状況は、多様な地域や組織や運動、そしてそこで展開される活動の実情に合った方策を選択できる可能性が広がるので、むしろ好ましいと考えている。そのため、ここでは、どの思想がよいといった選択的な断定はせず、維持可能な民主的ガバナンスを標榜する際、これらの思想に共通してみられる、〈地域コミュニティ〉を基盤としたガバナンスを標榜するうえで肯定的に受け止められうる示唆的な視点を抽出したい。

それではさっそく、この点についての考察から始めよう。

◆視点① ゆきすぎた経済システムを民主的コントロールの掌中に埋め戻す

先にあげた諸思想に共通している第一の視座は、ゆきすぎた資本の論理によって、人びとの生活だけでなく、地球の自然環境を脅かすに至っている「世界＝経済」システムを、人びとの民主的議論によってコントロールしていくほうがよい、という視点である。(注4)

この点は、ヘルドの〈コスモポリタン民主政〉でも目指すべき未来として描かれている。

> 国家的なものであれ国際的なものであれ、経済と市民社会を構成する重要な集団、機関、自発的結社、組織と政治制度との接合関係は、前者が民主主義のルールや原則と両立するようなルールと原則の構造を採用することで、民主的過程の一部を構成するように再編成されるべきである。
>
> （ヘルド二〇〇二、三〇五頁）

しかし、ヘルドの措定する権利は「きわめて狭く個人主義的な定義を採用しており、新自由主義的倫理に危険なまでに接近しすぎている」（ハーヴェイ二〇一四、一六八頁）とハーヴェイが指摘するように、ヘルドはハイエクに依拠して市場の調整メカニズムを評価しており（ヘルド二〇〇二、二七四〜二八一頁）、経済の民主的コントロールを徹底できているとはいいがたい部分もある。環境思想は、その意味での徹底化を図る視座を与えてくれる。

たとえば、エコソーシャリズムの有効性を提起するアンドレ・ゴルツは、経済システムそのものを廃止するというような議論ではなく、「むしろ、システムの帝国を衰退させること、その帝国を、自主決定された社会的・個人的な活動形態のコントロール下に置き、そこに従属させることなどが重要なのだ」（ゴルツ一九九三、一〇〇頁）という。

「支配的な生産力至上主義の秩序に対する隷属と惰性化した合意を打ち破ることを目的」（ラトゥーシュ二〇二〇、一〇頁）とした脱成長論を唱えるラトゥーシュも、ゆきすぎたグローバル資本の論理を転換するには「再ローカリゼーション」が必要だと主張する。独自の文化をもつ多様な地域での実践が〈いのち〉の「地球規模の大量殺戮のゲームに終止符を打ち」、〈帝国〉の経済システムによる「大規模な脱領土化がもたらした損害を修復する」（同右書、六五頁）とラトゥーシュはいう。

ブクチンもまた、きたるべきエコロジーな社会は、経済を地域での自治によって回していくかたちになるだろうと次のように強調する。

土地、工場、仕事場、流通センターを国有化したり集産化する代わりに、エコロジー的な地域社

> 会はその経済を地域自治化（municipalize）し、他の自治団体と連携してその資源を地域連合システムのなかに統合するであろう。土地、工場、仕事場は、国民国家や、所有権にかかわる利害関係を生みがちな労働者−生産者によってではなくて、自由な地域社会の民衆会議によってコントロールされる。（ブクチン一九九六、二五九頁）

労働者による会社の所有すら認めないというブクチンの考え方は、かなりラディカルに住民自治への期待をしているわけだけれども、私自身は、日本でもようやく認められた労働者協同組合というかたちでの企業のあり方も、（注5）〈帝国〉の論理を押しとどめるひとつの選択肢になりうると考える。

加えて、日常生活に流されるなかで私たちがつい忘れてしまいがちなことを、再度確認しておきたい。それは、新自由主義思想も、それにもとづき再編されてきた「世界＝経済」システムも、人間が考え創りあげたものであり、けっして神が創った予定調和の仕組みなどではない、という六章でも指摘した事実である。人間が創ったものなのだから、見直すべき箇所があれば私たちの手でよりよい方向に改善しうるはずである。そして、ゆきすぎた資本の論理で駆動する経済を変革しようとするとき、ゆきすぎた資本主義経済を、地域の、働く人たちの自治のもとに置くべきだというエコロジー思想に共通して胚胎する見方は、維持可能な社会を構想するうえでの重要な視点になるはずである。

◆視点②　経済をコントロールする際のエコロジーの視点

　このように、人びとの民主的な議論のもとに〈帝国〉のゆきすぎた経済システムを埋め戻すというとき、そこには、資源やエネルギーの消費を自然環境のなかで循環できる範囲にとどめ、地球の自然環境を良好なまま次世代に渡そうという維持可能性の視点がある。

　たとえば、ラトゥーシュは「生態系の再生産に見合う物質的生活水準に戻ること」（ラトゥーシュ二〇二〇、一四頁）が重要だと、この点を明確に打ち出している。

　ゴルツは、これまでの経済成長に傾倒した近代化と対置するかたちで、自然の循環の範囲内で経済を回していくエコロジー的近代化が今後必要になってくると述べ、次のように指摘する。


エコロジー的合理化の意味は、「より少なくしかしより良く」というスローガンに要約できる。その目的は、働きながら、より少なく消費し、よりよく生きるような社会である。エコロジー的近代化は、もはや経済の成長にではなく、経済の衰退に、つまり現代的意味での経済的合理性に制御された局面を収縮することに、投資が向けられることを要求しているのだ。資本主義的蓄積の力学を制限しないままに、また消費を自主規制的に減少しないままに、エコロジー的近代化はありえないのだ。エコロジー的近代化の要求は、形を変えた南北関係の要求や、社会主義の本来の狙いと一致するものである。（ゴルツ一九九三、八七頁）

資本の論理のもとでは、企業はどうしても早いサイクルで商品が販売できるような方策を採りがちである。そのため、頑丈に作れば長持ちするはずの製品の質をわざと落として販売する計画的陳腐化という手法がとられたり、販売企業にしか修理ができないような対策がとられたりする。その結果、コンゴや中国の人びとを採掘現場で苦しめているコルタンをはじめとした資源の消費サイクルが早まってしまう。でも、そのような資本の論理に抗う企業や市民の動きもある。たとえばフレームワークコンピューター株式会社は、誰でも修理可能なパソコンを販売している。また消費サイクルを緩和するため、市民の手に「修理する権利」を取り戻そうとする運動も展開されている。(注6)

このように、ゆきすぎた資本の論理を転換し、人びとの手で経済をコントロールするという考え方は、地球の自然環境を良好なかたちで維持しうる範囲内での、人間の経済との循環こそが、破壊されゆく自然環境の保全にとっては決定的に重要だというエコロジーの視点がある。

◆視点③　人びとの生におかれる根源的な価値とその自律性・多様性

ただし、〈帝国〉が人びとの暮らす生活世界を平滑空間へと変えていこうとする力に対抗するとき、いくらそれを統制するためとはいえ、エコロジー的近代化への変革が上意下達でなされてしまっては、経済の仕組みが違うだけのあらたな「帝国」の誕生につながってしまう。(注7)ゴルツは、この点に関係して、既存の社会主義諸国が官僚主義による全体主義へと堕し、人びとの声が直接生かされる、地域の多様性にもとづく運営をしなかったからこそ失敗したのだ、と指摘する。(注8)それゆえ、これまでの社会主義国は社会主義社会ではなかったという。そのうえで次のように指摘する。

社会主義を、解放や自律の要求によって生起する意味の地平として理解しなければならない。つまり、今までとは違う経済・社会システムとしてではなく、逆に、社会を一つのシステムや巨大機構にしてしまうあらゆるものを減衰させると同時に、「個性の自由な発展」が達成できるような、自己組織化された社会性の、様々な形態を発展させるような実践的プランとして理解すべきなのだ。（ゴルツ一九九二、九九頁）

ここでみられるのは、人びとの能動的な生への解放を基盤に据えた、自律的な運動や組織による「個性の自由な発展」こそが、ゆきすぎた経済システムのコントロールにつながっていくという視座である。このときゴルツが意識しているのは、一人ひとりの生、地域の組織や運動における自治の自律性の重要性であり、そしてこれらの多様さこそが至上のものであるという視座である。ここには、人間一人ひとりが能動的な自由時間を過ごすことのできる社会を、社会主義の先のコミュニズムの最終的な理想としたマルクスの考え方が胚胎している。

共産主義社会では、各人はそれだけに固定されたどんな活動範囲をももたず、どこでもすきな部門で、自分の腕をみがくことができるのであって、社会が生産全般を統制しているのである。だからこそ、私はしたいと思うままに、今日はこれ、明日はあれをし、朝に狩猟を、昼に魚取りを、夕べに家畜の世話をし、夕食後に批判をすることが可能になり、しかも、けっして漁師、漁夫、牧夫、批判家にならなくてよいのである。（マルクス一九六六、六八頁）

ブクチンもまた、既存のマルクス主義国家の失敗を立論の前提にしている。そのうえで、より小さい都市の共同によるアナキズムな統治が、人びとへの圧政とエコロジー問題とを解決するうえでは望ましいとする。ここには、自治の自律性とその多様性を重視するという点でゴルッと共通する視点がみられる。さらに、そうしたプロジェクトが成功するには、「階級、ナショナリティ、エスニシティ、ジェンダーを横断した、一般的な人類的利益の出現」（ブクチン一九九六、二二四頁）こそが重要になってくると指摘する。つまり、多様性を尊重しつつも、それを超えた次元での人びとの平等性を実現する視点も重要になってくるというのである。

人間一人ひとりの生の絶対性。そしてその平等性。それをふまえたうえでの、人びとが能動的に生きるために組織された運動や自治の重要性とその多様性の尊重。こうした視点は、維持可能な社会を築いていくうえで絶対に外せない視点となるだろう。

この、人びとの生とその多様性に絶対的な価値を置く視点は、第六章の3節でヘルドの思想に即して考察したように、コスモポリタニズムの基本視座でもあった点を確認しておこう。

◆視点④　構造的暴力の縮減

このように、人びとの生に絶対的な価値が置かれ、そのうえでの民主的な自治により、ゆきすぎた資本の論理を抑え、人間的な経済にしていく〈地域コミュニティ〉が、資本の論理で駆動する〈帝国〉下での構造的暴力の解消にもつながるという視座もまた、共通する視点のひとつである。

たとえば、エコフェミニズムの代表的論者であるマリア・ミースは、人間が生きていくために必要な労働や過酷な農作業が女性に押し付けられてきた点を注視し、男性が主に担ってきた創造的労働との組み合わせによる自給自足的な経済が、国際的な搾取の関係をも解消していくと強調する。

自然、女性、他民族が他者と抽象的な進歩の思想のために植民地化されたり搾取されたりすることのない社会はわたしたち人間の世界が有限であるという認識に基づかなければならない。そのためには機械への委託が強まる必要な労働と、人間に運命づけられた創造的な労働との分断を乗り越える新しい概念が必要である。必要な労働と創造的な労働を組み合わせることが人間の幸福の前提条件であると思われる。このような労働概念は現在の性別分業と国際分業の廃止につながるだろう。それはオルタナティブ経済、すなわち、自然、女性、植民地の搾取に基づくのではなく、最大限自給自足であろうとする経済が基盤とならなければならない。（ミース一九九七、六〜七頁）

構造的暴力の解消という点では、「資本主義は、社会と自然を対立するように分断したのと同様に、人間と人間を鋭く冷酷に対立させるように分断した」（ブクチン一九九六、一二二頁）というブクチンの指摘も傾聴に値する。人間による人間の支配、すなわち構造的暴力を解消しないかぎり、維持可能な未来は実現しえないからである。それゆえブクチンは次のように強調する。

おそらく、今日のエコロジー的な議論に対するソーシャル・エコロジーの最も重要な貢献のひとつは、社会を自然に対立させる基本的な問題点は社会と自然のあいだではなく、社会発展の内部で形成されるという観点である。すなわち、社会と自然の分断は、その最も深い根源を社会の領域のなかに、つまりしばしば「人類」という言葉の広範な使用によって曖昧にされる人間と人間の根深い対立のなかに有している。(同前書、四二頁)

だからこそブクチンは、エコロジーな社会を築くには、人間による人間の支配を回避しうるような、自然との循環のうちに成立している共同体のアナキズムな連合体が必要だと提起するのである。

ミースとブクチン、両者に共通しているのは、資本の論理の支配から生まれる構造的暴力は、より小さい単位のコミュニティ自治と、そこでのできるかぎりの自給が重要だという視点である。

◆資本の論理を抑える四視点

本節で考察したのは、維持可能な社会を築いていくうえで、注目に値する環境思想や政治思想に共通する有益な視点を抽出する作業であった。その結果、四つの重要な視点を得ることができた。

①資本の論理の民主的自治への埋め込み：ゆきすぎた資本の論理による経済システムを、人びとの民主的統治による地域自治のなかに埋め戻していくプロセスが重要だという視点。

②エコロジー型の経済：①を進める際には、地域の多様な自然との間での持続的な循環関係を成り立たせる必要があるという意味で、エコロジーを重視した経済を目指す視点。

③多様な生の平等性と自律性：そうした自治や経済のもとでの、人びとの多様な生の平等性と自律性、および地域コミュニティの多様性と自律性が重要であるという視点。

④構造的暴力の縮減：①〜③をふまえた社会では、構造的な暴力も解消していくという視点。

人びとの生を大切にする地域コミュニティの能動性こそが、エコロジーな社会を築き、構造的暴力も解消していくというこの視座の有効性を確かめるため、次節ではいよいよ、木材を介したフィリピンと日本との構造的暴力の関係と、それに抗するコミュニティのありかたを分析し、次章で〈地域コミュニティ〉を基盤とするガバナンスについて考えるための足がかりを得るよう努めたい。

3 フィリピンと日本にまつわる森の話

◆日本の高度成長を支えたフィリピンの森

都市農業の面白さを発信している国立市の農家・小野淳さんは、元は環境問題を取り扱うドキュメンタリー番組『素敵な宇宙船地球号』のディレクターだった。小野さんが農家へと転職したのは、フィリピンのルソン島のはげ山で「有機農業を実践しながら植林も続けている当時74歳の日本人」田鎖浩さんに光を当てた番組の制作がきっかけだった（小野二〇一八、一四三〜一四四頁）。

フィリピンの森が荒廃したのは、日本による木材の大量輸入が関係している。それを「日本人としても地球市民としても見過ごしてはいけない」。この話を、小野さんは田鎖さんから何度も聞かされたという（同前書、一四五頁）。このとき併せて取材した都市のスラムには、森の荒廃により移住を強いられた元稲作農家たちが暮らしていた（同右書、一四四頁）。

この取材の後、自分は高度成長期に「フィリピンで切られた建材の家屋」で育った団塊ジュニア（同右書、一四五頁）であるという思いが、小野さんに苦悩をもたらした。テレビの仕事は、番組が無事放送されたらすぐ次の取材に移る。だが「自分が世の中に向けて巨大なスピーカーで流すメッセージを、はたして自分自身は真摯に受け止めているのか」（同右書、一四六頁）という疑問が抑えられなくなった小野さんは、田鎖さんへの取材で興味が湧き、農家へと転身されたのである。

それにしても、日本はなぜ、フィリピンの森がはげ山化するほど木材を輸入し続けたのか？

平成二六（二〇一四）年度版『森林・林業白書』（以下『白書』）によると、日本政府は外貨獲得のため合板製造業を支援し、昭和二三（一九四八）年頃から南洋材の輸入を推進した。ちなみに南洋材とは、東南アジアを原産地とする木材のことである。合板製造業は当初、米軍特需や米国への輸出で急成長したが、貿易摩擦により国内の住宅用合板へと販路をシフトしていく（『白書』二一六頁）。それを可能にしたのは、日本の住宅建設における工法の変化だった。日本の住宅は、長らく柱と漆喰の壁からなる伝統的な工法で作られてきた。しかし現在の木造住宅は、壁面は大きな合板で覆われていて、柱と壁が露わになっているのはまれである。「大壁工法」といわれるこの工法は高度成長期に採用された。なぜ高度成長期にこの工法がゆきわたったのかというと、当時「新建材」と呼ばれた合板を柱の上から被せるだけであれば、伝統的な工法よりも安く早く住宅を仕上げられるため、マイホーム特需への対応が可能となったからである（ウッドマイルズ研究会二〇〇七、六八頁）。

こうした経緯をもつ日本の合板製造業を、はじめのうちは南洋材が支えていたため（『白書』二六頁）、フィリピンの森林被覆率はどんどん減少していってしまったのである。

◆フィリピンの森で暮らす人びとを襲った構造的暴力

こうしてはげ山と化したフィリピンの森は保水力を失い、多くの稲作農家が都市に移住せざるをえなくなった。農家だけではない。豊かな森のなかで狩猟採取をしながら生活してきた先住民族もまた、森の荒廃によって生活の場を失った。小野さんが取材したのは、そうした人びとであった。

森林伐採や鉱山開発で森を奪われた先住民族を支援している人類遺伝学者の尾本恵市によると、フィリピンのドゥマガット族を調査するため一九八二年にルソン島を訪れた際には、セスナ機から見えるシェラ・マドレ山脈に、黒々とした大森林が延々と続いていたという。ところが、三〇年ぶりに再訪した際には「何本もの道路が走り、大森林は消えていた」（尾本二〇一六、二二三頁）。

八二年に出会ったドゥマガット族のハンターたちは、森の恵みのなかで暮らしていた。その生きかたは「静かで美しい自然環境の中で、健康そうで表情も明るく、自由で平和な」ものだった。森が消失したいま、かれらはどうしているのか。尾本はそう心配している（同右書、二二三頁）。

こうして日本の木材消費により森を追われたフィリピンの人びとと私たちとの間には、ここでも、ガルトゥングがいう構造的暴力が作用している（第一章四三頁の図1参照）。

まず、日本の中心部とフィリピンの中心部とは、利害を共有する「利益調和」関係にある。フィリピンとの木材交易から、日本政府は高度成長という政策を達成でき、商社は膨大な利益を得た。

フィリピン政府は財政基盤を確立し、地域の有力者は利益を得た。これら両国の中心部の関係が、フィリピンの農家や先住民族が森で暮らせなくなった根本要因として作用した。

次に、両国で周辺部に位置する一般市民同士は「利益不調和」の関係にある。日本に暮らす私たちが、南洋材の輸入によって「豊かな」生活を追求すればするほど、フィリピンの森は縮小していき、そこで暮らす人びとの生活環境が破壊されていったからである。

さらに、それゆえ周辺国のほうが中心部（政府・有力者）と周辺部（市民）との「利益不調和」は大きい。実際、フィリピンの森で暮らしてきた人びとは、政府から居住の権利を認められていなかった。そのため、政府や伐採業者から迫害され、住処を追われた。だが中心国の周辺で暮らす私たちは、そうした事実を知らずとも、高度成長の恩恵に与り続けることができた。

そんな構造的暴力が作用しているフィリピンで、森の荒廃の大きな要因になっていたのが、森で暮らす人びとの意向を無視した商業伐採の横行であった。秀逸なルポルタージュを著している久保英之によると、商業伐採の開始から森の荒廃までは次のようなプロセスをたどるという。

木材会社が伐採事業を行い、作業員が雇われる。売れる木がなくなると、会社は操業をやめ、別の地域の森林へと移っていく。伐採跡地には、他所から移ってきた人々や元作業員が入り込み、焼き畑を作って生活を始める。畑で採れる収穫物が少なくなったり、新人民軍が山に入り込んだために、人々は畑を棄てて他の場所へと移っていく。放棄された畑には、コゴンと呼ばれる草が生えるようになる。そこでは、乾季になると山火事がしばしば起こるようになる。地力はさらに衰え、コゴンの草地が森に回復することはない……。これは、フィリピンの森林が消えていった一つの典型的な経過だと考えられている。（久保二〇〇三、一七一〜一七二頁）

このように、フィリピンからの木材の輸入は、日本人の「豊かな」生活に寄与した一方で、私たちの気づかぬところで現地の人びとの環境を破壊する構造的暴力が作用していた。小野さんの苦悩や尾本の現地の人びとを心配する気持ちの背景には、こうした構造的な問題が潜んでいたのである。

◆フィリピンの森の人びとを周辺化した「世界＝経済」

ここであらためて確認しておきたいのは、ガルトゥングが構造的暴力というときの構造とは帝国主義を指すという点である。加えて、帝国主義の時代、自らを文明だと自認する西欧諸国が世界中に植民地を拡げていったという事実である。なぜなら、フィリピンの森林被覆率の低下は、実は、日本が関わる前の、この植民地化の時代からすでに始まっていたからである。

椙本歩美によると「スペイン人がフィリピンを『発見』した一六世紀、国土の約九〇パーセントは森林に覆われていた」（椙本二〇一八、三六頁）。スペインはそんなフィリピンの森を公有化し、植民地経営の財源にすべく伐採を始める。その際、森の住民を不法占拠者と見なし迫害した。のちの宗主国アメリカもこの政策を踏襲し、二〇世紀初頭には七〇％、第二次大戦直後の一九五〇年には四九％にまで森林被覆率が落ち込んだ。マルコス政権はこうした旧宗主国の方針を踏襲したにすぎなかったのである。こうして森林被覆率は「一九六〇年に四五パーセント、一九七〇年に三四パーセント、一九八〇年に二七パーセント、そして二〇〇三年に二四パーセントと、一貫して減少してきた」（同前書、三六頁）。

国家が森林を独占し、そこに暮らす先住民族と農家に居住権を与えず迫害するこうした歴史は、まさに、先に二、五章で考察したハーヴェイの「略奪による蓄積」の特徴と一致する。西欧諸国が植民地化を行う際、狩猟採集生活をしているがゆえに土地に根ざした労働をしていないように映った人びとを「未開」と見なし、土地の先占を宣言して資源の搾取を正当化しているからである。それゆえに、戦後もこの政策が採られ続けた結果、私たちが木材という恩恵を享受してきた交易関係のなかでも、現代の帝国主義的構造による暴力が作用してしまったわけである。

加えて留意したいのは、ここでもまた、帝国主義の構造のなかでもっぱら木材の供給地とされたフィリピンの森にあったはずの、そこで暮らす人びとの豊かな文化や生活様式が失われ、周辺化されていったという事実である。「世界＝経済」には、資本主義を採っていさえすれば政治体制が不問に付されるという特徴もあるのだった。日本とマルコス政権との関係のように、中核諸国にとっては、独裁政権であっても遅滞なく資源を供給してくれさえすれば問題ないからである。それゆえ、太古より森で暮らしてきた人びとが、マルコス政権のもと、日本への木材輸出により自らの生活や文化を根こそぎ奪われ、都市のスラムへと追いやられ、周辺化されてしまったのである。

けれども、そのようなプロセスに抗い、住民組織を結成し、地域の森を守っている村も存在する。久保が注目している、ミンダナオ島のカラパガン谷にあるマラヤグ村の事例である。それでは、予告どおり、ローカルな〈地域コミュニティ〉を基盤としたガバナンスの可能性を考察するために、マラヤグ村での実践から示唆される視点について、久保の著作に依拠しつつ考察してみよう。

4 マラヤグ村の取り組みから考える維持可能な〈地域コミュニティ〉

◆先住民族と元従業員との対立から共存へ

マラヤグ村のあるカラバガン谷は、マンダヤ族という先住民族が長いあいだ暮らしてきた土地である。「鬱蒼とした森には熊や猿、鹿、猪、コブラが棲み、空を見上げれば鷲が舞う。小川の水は年中涸れることがなく、いつも魚で溢れている」(久保二〇〇三、一五八〜一五九頁)……一九六〇年代半ば頃までのマラヤグ村は、そんな自然であふれていたのだという。

そんな自然豊かなマラヤグ村に、一九六〇年、ある木材会社が進出してきた。「当初二〇人だった現地作業員も」、木材会社が「政府から正式な木材伐採許可を得て大がかりな事業を開始」すると、「一九六五年頃には五〇〇人を超えるまでに膨れ上がっていた」(同右書、一六四頁)。それからというもの、作業員をはじめ村に進出してきた人びとによって、森のなかに畑が切り拓かれていった。それでも、先述のとおり森は国のものであったがゆえに、政府から許可を得ている「木材会社は、先住民族が森で狩猟採取するのを妨害し、さらに森の中にある畑へ行くことさえ禁止した」（同前書、一六二頁）。こうして行き場を失ったマンダヤ族は、伝統的な焼き畑農業を行う十分な土地を失い、さらに奥地へ行くグループもあれば、仕方なく自宅の周囲で小規模な農業を始める人びともいた。

それでも、先住民族と従業員とは、対立しているだけではなかった。元従業員の多くは、ルソン島とミンダナオ島の間にあるビサヤ諸島からの移住者で、話す言葉も違った（注9）。それでも、身振り手振りで先住民族の要望を聴き、開削する道路の幅を小さくする対応をしたりする人もいた。一方、先住民の側も、従業員がもってくるタバコなどの贈り物を受けとったりしていた。

そんななか、一九七四年、木材会社が主に伐採している山が新人民軍に支配されるようになった。ちなみに、新人民軍とは「フィリピン共産党の指導下にある軍事組織で、民衆を抑圧と搾取から解放することを目指し一九六〇年代末に結成された」非正規の軍隊であった（同右書、一六八頁）。

その後、木材会社の経営は一九七〇年代の終わり頃から傾きはじめ、一九八二年、ついに倒産した。元従業員たちは途方に暮れた。会社がつぶれても生きていかなければならないからである。五〇〇人のうち、三分の一から四分の一がマラヤグ村に残り、生きていくための農地を開拓した。木材が伐採されていた森は、すでにマンダヤ族が追い出されていて「自由な入植地となっていた」ため、「自由に畑を作ることができたのだった」（同右書、一七〇頁）。一方、焼き畑ができず自宅周辺の農地に追い込まれていた先住民族は、化学肥料を使う従業員の農法を見て増収を試みるなど、紆余曲折を経ながらも両者は共存するようになっていった。

◆マラヤグ協同組合

一九九〇年頃になると、フィリピンの環境天然資源省は、減り続ける森林を保護するため、新しい森林保全のプログラムを開始した。それは、「国有林の利用保全に関する権限を地元の村に与えるという内容」で、そのために「村に活動母体となる住民組織をつくり、この組織が森林保全や木材伐採・販売、植林などの事業を担うというものだった」（同前書、一七三頁）。

一九九二年、このプログラム普及のため政府から委託されたNGO「小規模農家と地場産業発展のための研究所（ISFI）」が、マラヤグ村で森林保全のための研修を開始し、住民組織の設立を支援しはじめた。その結果、自分たちで森を守るんだという機運が醸成され、当時の村長がISFIにたいし村の事業に予算を回すよう求めた際も、ISFIが出ていくよう村に請願が出された際も、住民自身が署名活動を展開するなどして阻止したという（同右書、一七七頁）。こうして、その後も継続されたISFIの支援のおかげで、一九九三年一一月、熱心にプログラムを受講していた一五名が中心となり、九七名のメンバーからなる「マラヤグ協会」が発足した（同右書、一七八頁）。

マラヤグ協会は、一九九五年三月に初めて、村の森林伐採を行うための「森林管理契約書」を環境天然資源省との間で締結した。翌年の五月には協会を協同組合化し、「マラヤグ協同組合」が結成された。協同組合化の利点は、共同出資した資金を互いに低利で融資できる点にあった。そのおかげで、マラヤグ村の住民は高利貸しから借金する必要がなくなった（同右書、一七六頁）。

設立から五年後の一九九八年には、協同組合の管理する森は二二〇〇ヘクタールに拡大していた。だが「協同組合に与えられた森というのは、あくまで国の土地と森林を管理する権限」であり、村民にとっては「あそこの畑と森は、誰々さんのもの」であった（同前書、一八五頁）。そうした村のルールと国から付与されている管理権限とは、どうしても抵触してしまう。みんなで知恵を絞った結果、「森を伐り開いて畑にすることは違法であるという『国の制度』は踏襲」したうえで、村のルールを優先し、「協同組合が木材伐採を行って販売収入を得た場合には、組合と伐採地の森の持ち主との間で収入を分けるという案を考え出した」（同右書、一八五頁）。森の持ち主にとっても協同組合にとってもウィン―ウィンの関係になる、そうした管理を行いつつ、違法伐採を取り締まってもきた協同組合を、村人たちは「『森の番人』としても認識するようになった」（同右書、一八六頁）。

◆マラヤグ協同組合の受難

一九九六年七月のこと。村の森で違法な業者が伐採をしはじめた。マラヤグ協同組合は役場に伐採中止の指導を要請するも、まったく反応はなく、警察も動いてくれなかった（同右書、一八〇頁）。そのため、「森の番人」たる協同組合が自ら伐採業者と渡り合わざるをえなくなった。このとき、銃口を向けられつつも体を張ったリーダーは、元従業員の村民であった。

マラヤグ協同組合を襲った受難は、それだけではない。フィリピンの行政では不法行為が横行しているためか、木材を港へ運ぶ道中で「警察や軍などに木材輸送の道路通行料を払わなければならない」（同前書、一八九頁）キャッシュ・ポイントと呼ばれる検問所にたびたびぶつかるのだという。そうした腐敗も手伝ってか、ある年には、森林伐採計画書の提出から認可が下りるまで四か月もかかったらしい（同右書、一九〇頁）。それでも、マラヤグ協同組合はきちんと森林税を納めてきた。

そうした状況に照らして、久保は次のように指摘する。「これだけの税金を支払う一方で、協同組合が直接得る行政サービスは皆無に等しいという。これでは、国が税金を取るために協同組合に木材事業をやらせている、と批判されても仕方がない」（同右書、一九〇頁）。

◆協議の場

けれども、マラヤグ村の人びとはただ手をこまねいているわけではなかった。

久保によると、マラヤグ村には「拡大評議会」とも呼びうる集会があり、村で起こっているさまざまな問題をみんなで話し合い、解決してきた。この会合は「選挙で選ばれた村長と八人の村議会議員、全部で六人の役場職員、それから学校、保健所、協同組合、先住民族など村の各層の代表者たちが全部で五〇人近く集まる定例会合なのである」（同右書、一九六頁）。

ふだんは森の番人として村民から一目置かれる協同組合も、この会合では一代表にすぎない。違法伐採事件のとき行政が動かなかったように、村民の意識は多様で、けっして一枚岩ではない。だから、もしも協同組合が結成されていなかったら、マラヤグの森はどうなっていたかわからない。それを象徴する出来事が隣のアライボ村で起こった。マラヤグ村と同じく政府の森林プログラムが始まったにもかかわらず、管理が行き届かず、マラヤグ村の森の木までが一部伐採されてしまったのである。久保はその背景を次のように説明する。「同じ政府の森林プログラムでも、アライボ村の場合は村の中で住民組織が形成されていなかった。木材業者と村の一部の有力者が組んで形式的な住民組織をごく内輪だけでつくり、環境天然資源省と『森林管理契約書』を結んだのだそうだ。だから、アライボ村の人々でさえ森で何が起きていたのかよく知らなかった」（同前書、一九七頁）。

拡大評議会の場では、このことが大問題となった。むしろ、拡大評議会があったからこそ、こうした村の一大事の情報を全員で共有し、それ以上の違法伐採を阻止できた、といったほうがいいかもしれない。もしもマラヤグ村に協同組合がなかったら、アライボ村と同じような事態が起こっていたかもしれない。そう考えると、先住民族と元従業員とが手を取り合い協同組合を結成した意味は、村の森と村民の生活を守るという観点から見て、とてつもなく大きかったといえるだろう。(注10)

5 マラヤグ村の取り組みが示唆すること

マラヤグ村の実践は、私たちにどんな示唆を与えてくれるだろうか。それは、〈帝国〉の論理に収斂されないガバナンスの基盤となる〈地域コミュニティ〉のありかたではないかと思われる。

マラヤグ村では、木材業者の進出により、一度は焼き畑や狩猟採取で暮らしてきたマンダヤ族の人びとが、土地を棄てて移住したり、慣れない近代農業をしなければならなくなったりと、〈帝国〉の経済システムに呑み込まれてしまった。けれども、木材業者の倒産以降、ＩＳＦＩの支援も手伝って、協同組合方式により、マラヤグ族の人びとと元従業員の人びとが協働して森を管理し、維持可能な範囲で木材を伐り出し、利益を得るという自治的な経済のかたちへと転換した。このような地域経済の転換は、まさに、ゆきすぎた資本の論理にもとづく経済を自分たちの日々の活動のなかに埋め戻し（視点①）、しかもその経済活動が維持可能なかたちで展開されている（視点②）という点で、示唆的である。

しかも、森の管理では、慣行的に土地を耕している人びとの範囲を重んじ、伐り出した木材の利益を分け合う新たなルールが編み出されたのだった。それだけではない。エコロジーの視点で森を管理するマラヤグ村の自治は、村に関わるあらゆるアクターが集う拡大協議会での議論のもとで行われるようになったのだった。しかも、久保によると、協議会は、見学に来たいち日本人にまで提案することはないかが訊かれるほど、個人の提案権が保障される場だったという。このように、世帯ごとの生活や一人ひとりの意見に気を配ったうえでの自治がなされているマラヤグ村の実践は、まさに、そこで生きる人びとの生の平等性を重んじ、地域の自律性を維持しようとする視点③があてはまる事例だといえるだろう。

民衆集会は、自由な社会の精神である。それらの政策の執行は、自由な社会の手である。（ブクチン一九九六、二三三頁）

しかもこうしたマラヤグ村の取り組みは、視点④の、構造的暴力の解消にも大いに寄与しうる可能性を示している。違法な伐採業者が森の木を伐り出そうとしたとき、森林組合が表に立って業者を追い出すことに成功した。こうした自治組織があったからこそ、マラヤグ村は二度目の構造的暴力にさらされずにすんだといえそうである。それに加え、自給的な農業で生計を立てつつも、持続的な林業による木材の販売で利益を得るマラヤグの人びとの生きかたは、構造的暴力を解消していくオルタナティブな経済を示す好例だともいえそうである。なぜなら、〈帝国〉の論理の侵入を許さず、自分たちで生計を立てつつ、余剰物資だけを地域外に販売するというマラヤグ村と同じような地域経済が、「世界=経済」システムの周辺域で拡がっていけば、構造的暴力の根源である、中核域が安価で資源を周辺域から輸入し利益を得るという〈帝国〉のシステムが成り立たなくなるからである。その結果、おのずと、コミュニティ相互が対等に交易をしていくオルタナティブな経済へと移行していくように思われる。

次のミースの言葉は、右の点についてまさに的を射た指摘をしている。

オルタナティブ経済にとってまず必要なことは、先進国でも途上国でも基本的な生活必需品——食料、衣服、住居——を国境の外の経済に依存することから、より大きな自給自足経済に向けて転換することである。これらの必需品の生産の大部分を自分で賄っている社会だけが政治的な脅しや飢えから自由になることができる。このうち、食糧の自給自足が第一の必要条件である。（ミース一九九七、三三一〜三三二頁）

自足的な農業で生計を立てつつ、持続的な林業で利益を得るマラヤグ村の人びとは、まさに、伐採業者の暴力や、村や警察の不作為という政治的圧力から自由になったということができるだろう。こうした〈地域コミュニティ〉の多様性と自律性が各地で昂進していけば、ミースがいうように「大部分が自給自足である経済は必然的に現行の搾取的で、非互恵的な国際分業を変化させ、先進国（経済が工業製品の輸出に依存している）と途上国（主に一次産品を輸出して債務を返済しなければならない）の両方で見られる世界貿易と輸出志向生産との矛盾を変化させるだろう」（同前書、三三二頁）。人びとの民主的自治にもとづく経済を実践する〈地域コミュニティ〉は、こうした意味で、きたる維持可能な社会のオルタナティブなガバナンスの基盤となっていくように思われる。マラヤグ村の事例をここまで分析した後で、次のブクチンの言葉に耳を傾けてみよう。

地域社会の他の成員との、対話的で直接的な関係に参加する合理的な市民という古典的な理想が、経済的な土台を獲得するとともに、公共的な生活のあらゆる局面に浸透する。おそらく地域社会のなかでの個別的な利益から自由で、彼または彼女の能力の最善をつくして地域社会全体に貢献し、彼または彼女の必要とするものを共通の生産物のファンドから取るこのような個人は、市民権に、幅広い、真に前例のない、財産の私的所有を超える物質的連帯の性格を与えるであろう。（ブクチン一九九六、二六〇頁）

マラヤグ村のように、対話的な自治によって、ゆきすぎた資本の論理による経済を地域の共同性のなかに埋め戻すという実践が、地域の公共的な生活にあらゆる影響を及ぼしていく。そうした

〈地域コミュニティ〉の実践が、〈帝国〉の論理とは違った、物質的な連帯を形成するという視座からの所有に関する市民権を、私たちに与えるだろう……。ブクチンのいうような展開が実現されれば、おそらく構造的暴力も解消され、私たちの加害者性も消えていくだろう。

でも、そうした市民権が行き渡るまでのプロセスについては、いまだ曖昧である。いや、むしろ、名だたる論者が数ある機会に語っているけれどもまだ実現されていない世界だからこそ、曖昧さは免れないといったほうがいいのかもしれない。そこで次章では、維持可能な社会を築くうえでの、〈帝国〉の論理に代わるオルタナティブなガバナンスについて、本書なりの素描を試みたい。

【注】

（注1）デランティ（二〇〇六）、二〇八頁。

（注2）「エコロジカルフットプリントジャパン」ウェブサイト（https://ecofoot.jp/）より。

（注3）たとえば、ブクチンは、エコフェミニズムについて「男性が歴史のなかで特権化されたのとちょうど同じように、女性が自然のなかで特権的なものとされ、男性排外主義（メール・ショービニズム）が単純に女性排外主義（フィメール・ショービニズム）によって置き換えられた」（ブクチン一九九六、二二六頁）と批判している。

（注4）戦後、世界の国々で一貫して経済格差が開いてきたことを分析し警鐘を鳴らしているトマ・ピケティもまた、以下のように同様の指摘をしている。「今後最も重要な問題のひとつは、財産の新しい形態や、資本への新たな民主的コントロール形態を開発することだ」（ピケティ二〇一四、五九九頁）。

（注5）二〇二二年一〇月に施行された労働者協同組合法は、労働者の共同出資による企業の設立を可能とした。工藤律子によるスペインの社会連帯経済に関する実践（工藤二〇一六）などを見ると、雇用関係がな

く、自律した協働の組織の設立が法的に可能になった影響は、よい意味で計り知れない（正確には、この法は関係者の強い要望もむなしく、雇い主を置かないといけない建て付けになっているのではあるが）。

（注6）修理する権利やフレームワークコンピューター株式会社（https://frame.work/）の取り組みについては、唯物論研究協会第四六回大会の環境思想部会（二〇二二年一一月一二日）における、吉田健彦による刺激的な報告「修理する権利とポストヒューマン」に教えていただいた。

（注7）たとえば、実際にあった例として、あのヒトラーがエコロジーな社会を目指そうとしていたのは有名な話である。藤原辰史『ナチスのキッチン』（二〇一二、水声社）はたいへん勉強になる。

（注8）「五ヵ年計画は社会的な仕掛けを理解可能なものにしてくれるはずであったが、その規模と複雑さのゆえに不透明なものになった。いわば、全体的な目標を、みんながそれぞれに持てるような目標にまで、システムの規模を縮小すべきであったのだ」（ゴルツ一九九三、二四〜二五頁）。

（注9）ビサヤ諸島は、耕作に適した土地が少ないにもかかわらず人口が多かったため、「少ない農地は一部の富豪によって独占されていて、持てる者と持たざる者の格差が」大きかった（久保二〇〇三、一六七頁）。そこで、自然豊かで土地も肥えているのに、人口が少なく、「フィリピンの食料庫」「約束の地、ミンダナオ」と呼ばれたミンダナオ島への移住が、政策として進められたのだという（同右書、一六七頁）。

（注10）協同組合方式に加え、農家の小規模造林も注目に値する。ルソン島で、農家による自営地での造林と、政府主導による請負造林とを比較した関良基の研究によると、「農家が自分の保有地に小規模におこなう造林活動の方が維持管理もはるかに行き届き、費用面でも効率的であることが明らかになった」（関二〇〇二、一四八頁）という。このことから、「資本力のない零細農民たちでも、土地の保有権さえ本人に帰属していれば、自家労働に依存しつつ効率的に造林地を経営することが可能」（同右書、一四八頁）だという関の指摘は、本書が注目する小農の権利の観点からたいへん示唆的である。

【参考文献】

工藤律子（二〇一六）『ルポ 雇用なしで生きる――スペイン発「もうひとつの生き方」への挑戦』岩波書店
ウッドマイルズ研究会（二〇〇七）『ウッドマイルズ――地元の木を使うこれだけの理由』農文協
小野　淳（二〇一八）『東京農業クリエイターズ――あたらしい農ライフをデザインする。』イカロス出版
尾本恵市（二〇一六）『ヒトと文明――狩猟採集民から現代を見る』ちくま新書
久保英之（二〇〇三）『アジアの森と村人の権利――ネパール・タイ・フィリピンの森を守る活動』現代書館
椙本歩美（二〇一八）『森を守るのは誰か――フィリピンの参加型森林政策と地域社会』新泉社
関　良基（二〇〇二）「東南アジア熱帯における造林戦略――農家造林と政府造林のどちらが有効か？」法政大学比較経済研究所、田淵洋・松波淳也編『比較経済研究所研究シリーズ17　東南アジアの環境変化』第8章、法政大学出版局
藤原辰史（二〇一二）『ナチス・ドイツの有機農業――「自然との共生」が生んだ「民族の絶滅」』柏書房
M・ブクチン（一九九六）『エコロジーと社会』戸田清ほか訳、白水社
J・デランティ（二〇〇六）『コミュニティ――グローバル化と社会理論の変容』山之内靖・伊藤茂訳、NTT出版
J・ガルトゥング（一九九一）『構造的暴力と平和』高柳先男ほか訳、中央大学出版局
A・ゴルツ（一九九三）『資本主義・社会主義・エコロジー』杉村裕史訳、新評論
D・ハーヴェイ『コスモポリタニズム――自由と変革の地理学』大屋定晴ほか訳、作品社
S・ラトゥーシュ（二〇二〇）『脱成長』中野佳裕訳、白水社
D・ヘルド（二〇〇二）『デモクラシーと世界秩序――地球市民の政治学』佐々木寛・遠藤誠治・小林誠・土井美穂・山田竜作訳、NTT出版
T・ピケティ（二〇一四）『21世紀の資本』山形浩生・守岡桜・森本正史訳、みすず書房

K・マルクス、F・エンゲルス（一九六六）『新版ドイツ・イデオロギー』花崎皋平訳、合同出版
M・ミース（一九九七）『国際分業と女性——進行する主婦化』奥田暁子訳、日本経済評論社

【映像資料】

テレビ朝日『素敵な宇宙船地球号』二〇〇六年六月二六日放送「フィリピンの大地に夢を刻む男〜田鎖浩74歳の挑戦〜」

〈マルチチュード的コスモポリタン〉はコミュニティ概念の対立を融和する？

〈マルチチュード的コスモポリタン〉は、もしかしたら相反するコミュニティ概念を結びつける存在になるかもしれない。どういうことか、説明してみよう。

たとえば、アリストテレスが注目した古代ギリシアのポリスも、B・アンダーソンが「創造の共同体」と呼んだ国家もひとつのコミュニティである。そうかと思えば、コスモポリタニズムは地球という大きなコミュニティの存在を前提にしている。コミュニティは、このようにローカル、ナショナル、グローバルいずれの規模でも成立するため、わかりにくさが拭えない。

J・デランティによると、このような曖昧さがあるのは、古代ギリシアのコミュニティ観と、キリスト教におけるコミュニティ観とが一八〇度異なる内容になっているからである。異邦の人びと（バルバロイ）と自分たちとを区別していた古代ギリシアでは、ポリスこそが、市民にとって「公的生活の直接性」を見出すコミュニティであった（デランティ二〇〇六、二〇頁）。このときコミュニティは、バルバロイを排除するローカリティに依拠する概念であった。

一方「キリスト教思想は、聖性をもったコミュニティとしての普遍的コミュニティを強調した」（同前書、二一頁）。この考え方によると、人間のつくる世界は不完全だから、世界中のキリスト者は教会を中心に連帯しなければならない。こうしてキリスト教は特定の世界秩序に従うことを人びとに要請する。「ここから登場してくるのが、普遍的な秩序への参加としてのコミュニティという概念である」（同前書、二一頁）。

それゆえ私たちは、一方でローカルさを強調する個別的なコミュニティ概念に、他方で究極的な普遍性が強調されるコミュニティ概念に直面させられるのだ。

でも、〈マルチチュード的コスモポリタン〉は、ふだんは〈地域コミュニティ〉、〈帝国〉の論理に抗する際には地球というコミュニティ双方を舞台とするがゆえに、ローカリティと普遍性という、相反するコミュニティをつなぐ生きかたを実践している。であるならば、ローカルに依拠する哲学とコスモポリタニズムとの論争に終止符を打つ存在になる（？）かもしれない。

【文献】J・デランティ（二〇〇六）『コミュニティ――グローバル化と社会理論の変容』山之内靖・伊藤茂訳、NTT出版

第八章

〈いのち〉をまもる維持可能な民主的ガバナンスとは？
――〈地域コミュニティ〉を基盤に据えた環境思想から考える

変わらなければならないのは、中東やアフリカやアジアの人々ではない。何よりもまず、先進資本主義国の私たち自身なのである。(注1)

小貫雅男・伊藤恵子

1　地球を覆う〈帝国〉の論理を払拭するガバナンスは可能か？

中核諸国の多くが若年層の失業率の高さに悩まされている。失われた三〇年を経験した日本では、バブル崩壊後の就職氷河期に正規職に就けなかった世代を中心に非正規雇用の割合が高い。二〇一二年に非正規雇用労働者数が二〇〇〇万人を超え（総務省「就業構造基本調査」二〇一三年七月一二日）、二〇一四年にはその割合が全労働者の四割を突破した（厚生労働省「就業形態の多様化に関する総合実態調査」二〇一五年一一月四日）。正規雇用に就けなかった人にたいし、ややもすると「自己責任」や「負け組」といった非情な言葉が投げかけられてきた。(注2) だが、それはけっして当人の「自己責任」などではない。「世界＝経済」システムの作用によってもたらされた、構造的な問題である。

維持可能なガバナンスの考察を始めるにあたり、まずこの点を確認するところから始めよう。

◆「世界＝経済」システムの限界と資本の動き

高度成長期、中核諸国ではモノを作れば売れる時代が続いた。蓄積された資本は、鉄道、道路、橋梁などの交通インフラや上下水道などの生活インフラ、都市の建造物等に姿を変え、土地へ、空間へと固定されていった。でも、たとえば三種の神器（冷蔵庫・テレビ・洗濯機）や自家用車のように、ほとんどの世帯にゆきわたったモノは、更新される機会にしか売れなくなっていく。インフラの整備も、行き届いていけばいくほど鈍化する。都市の拡張も、それが可能な土地や空間は限られているため、時間が進むほど鈍くなっていく。つまり、ウォーラーステインのいう資本の「地理的拡張の限界」と「空間の限界」が生じるゆえに、経済成長は必然的に鈍化していくのだ。

それでもなお、資本は無限に自己増殖しようと運動し続けるものなのであった（第四章）。だから資本は、あらたに自らを増殖させることのできる先を求めて、海外へと転移していく。周辺国に資本が投入され、あらたに工場が建設される一方で、先進国内では産業が空洞化していく。そうやって周辺国の一部が、ウォーラーステインのいう「半周辺国」となって、あらたに経済発展を遂げていく。でも、資本の投下先が最後のフロンティアと呼ばれるアフリカに到達したいま、空間の限界と地理的拡張の限界は地球規模で現実のものになろうとしている。また、きれいな水や空気が必須の精密機器産業等は、環境破壊による地球上からの「良好な自然環境の限界」に影響を受けるだろう。さらに、現在の生産水準ではそもそも資源がもたないという「資源の限界」にも至っている(注3)。

産業資本主義にどうしてもまとわりつくこれらの諸限界を突破すべく編み出されたのが、IT革命によってその成立が可能となった電子金融空間内部での、金融商品の売買を基調とした金融資本主義であった(水野二〇一四、二五～二八頁)。だが二〇〇八年に起こったリーマンショックは、アメリカの低所得者層向けマイホームローンを発端としており、実体経済から完全に遊離した金融資本主義の成立は難しいという現実を白日の下にさらした。この点に関連して、金融資本主義の主力商品となった先物取引で、我々が生きるのに必須の穀物もまた投機の対象となったため、第二章で見たハイチ共和国のように、穀物価格が乱高下し人びとの食を脅かしている。先物取引は原油高や金属価格の高騰をもたらし、実体経済を担う諸産業に大きなダメージを与えている。

真面目に日々の暮らしを送っている人びとの経済が、金融資本主義下でのマネーゲームの結果として生じる不況のあおりを受けるという現実は、どうみても正当性があるとはいいがたい。

◆主婦化の波

時計の針を、資本主義がより深まっていった時代へと、もう少し巻き戻してみよう。

小経営を続けてきた世帯は、女性と男性がそれぞれ役割を分担し、季節に伴う労働によって生計を維持してきた。私の田舎の例でいえば、秋に穀物を収穫した後、男性は山の仕事に従事したり、女性は味噌を漬け込んだり小物を作ったりし、家族がみな自己の役割を全うしつつ生計を立てていた。けれども資本主義経済が昂進してゆくと、女性は主婦として、主に男性が担った「自由」な労働力の再生産、つまり、疲れて帰ってきた夫が次の日も元気に通勤できるよう、食事や風呂を用意し、仕事着を洗濯するという対価のない家事を担わされるようになっていく。好景気の際には、パート労働者として経済成長を補助的に担わされる。資本主義のもとでこのように変化した女性の姿を、ミースは「主婦化」と呼んだ。ところが、「世界=経済」システムの限界が露呈するにつれ、先進国では、男性、女性を問わずパート労働を主として生きる主婦化が広がっているとミースは指摘する。(注4) 企業は、経済成長が鈍化し、なかなか上がらなくなってきた利潤を、労働分配率を引き下げて確保しようとするからである。

とくに中核諸国では、半周辺国への資本の投下や製造拠点の移転に伴い、第二次産業を中心に働き口は減り、パート労働に置き換えやすい第三次産業が主産業になっていく。だからこそ、とくに新自由主義を経済政策の基調として取り入れてきた先進諸国では、正規雇用労働者の求人数が減り、若年層を中心に失業率が高まり、男女ともにパート労働者の割合が増えてきたのである。

◆失業率の上昇、競争の激化、生きがいの喪失

「世界=経済」システムのこうした作用の結果、先進国では、若年層の失業率が増大し、競争が激化していった。だから、正規職に就けなかったのは当該個人の責任などではなく、「世界=経済」システムの臨界点が露呈しつつある構造上の問題が要因なのだ。それにもかかわらず、多くの人が

努力不足というレッテルを貼られてきたためか、日本では若者が希望をもてない「希望格差社会」（山田二〇〇七）となり、若者の死因の一位が長いこと自殺となっている。子どもの不登校数も二〇二一年度は過去最高の二四万四九四〇人を数えた（文部科学省「問題行動・不登校調査」二〇二二年一一月）。構造的な問題が若者の希望を奪っているにもかかわらず、公教育は、誤った認識のまま、想像力を育もうとするゆとり教育から詰め込み型の競争教育へと回帰した（佐藤・岡本二〇一四）。

◆本章での問い

このように、あらゆる限界を露呈し、金融資本主義の創出や労働分配率の縮小といった手法で延命を図り、中核諸国、周辺諸国ともに周辺部の人びとへ不安を与え続ける資本主義。その基盤としてある「世界=経済」システム。そして、これらを含みこむかたちで成立している〈帝国〉の論理。

いったいどうすれば、こうした構造を転換し、誰もが人間らしく生きられる世界を実現できるのか。私はやはり、〈地域コミュニティ〉を基盤としたガバナンスにその可能性を見出したい。そこで本章では、〈地域コミュニティ〉の有効性に関する前章での考察に続き、このような〈地域コミュニティ〉を基盤としたガバナンスの望ましいありかたについて探求したい。

2　ローカルを基調としたグローバル・ガバナンスへ

注目したいのは、小貫雅男・伊藤恵子が提唱する、「菜園家族」と「商匠家族」を基盤とした「CFP複合社会」構想である。なぜなら、このような社会がもし実現されたとしたら、「世界＝経済」システムの作用によって増大していくパート労働を有意義なありかたへと転換し、その過程で、ゆきすぎた資本の論理を民主的な議論のもとに包摂していき、結果として構造的暴力をも縮減させていくという大転換を成し遂げうる可能性を秘めていると思うからである。

その前に、ここまで曖昧なままにしてきたガバナンスとは、いったいどういう特徴をもった概念なのか、という点について、マーク・ベビアの研究を中心におさえておこう。

◆ガバナンスとは

ベビアによると、ガバナンスという言葉の歴史は古く、中世にはジェフリー・チョーサーというイギリスの詩人が「家と土地をめぐるガバナンス」について論じているそうだ（ベビア二〇一三、二〇～二一頁）。なぜチョーサーは、一見するとガバナンスに関係なさそうな家と土地について論じているのか。それは、「ガバナンスとは、政府によるものであろうが、市場によるものであろうが、ネットワークによるものであろうが、また、その対象が家族であろうが～中略～地域であろうが、さらには、依って立つ原理が法であろうが、規範であろうが～中略～とにかくありとあらゆる『治める』というプロセスを示す言葉」（同前書、四頁）なので、「家と土地をめぐるガバナンス」について論じることも可能だったからである。だが現在においては、ガバナンスという言葉は、政治制度を表すガバメントにたいして「統治のプロセス」（同右書、五頁）を指すものとなり、しかも「社会組織や社会調整のすべてのプロセス」（同右書、七頁）を表すようになってきている。

歴史的に見ると、「ガバナンスの概念は、主権国家に対する信奉に反比例するかたちで、盛衰を繰り返してきた」とベビアはいう。「市民が統一主権国家に信頼を置いている間は、政府（ガバメント）が話題になることが多い」半面で、「国家に信頼が置けないときには、ガバナンスという複雑でやっかいなプロセスにより関心が集中」してきた（同右書、一二頁）。

国家の発展と歴史の進歩とが重ねて論じられた一九世紀の啓蒙思想以降、国家はたしかに主権を手掌する存在として認められていった。しかし、二〇世紀になると、市場メカニズムに過度に依拠した列強諸国間の競争の末に起きた二度の世界大戦が、国家にたいする信頼を失墜させた。そうした失敗への反省から、戦後、多くの国が福祉国家を築いていったものの、高度成長の終焉を機に、国家を「階層構造的官僚機構」（同右書、二五頁）に任せておけばよいという信仰も終わりを告げた。(注5)このようにガバメントにおける「市場の失敗」と「政府の失敗」を経たのちの一九七〇〜八〇年代になって、ガバナンスが注目されるようになっていったのである。

ベビアによると、こうした歴史を経て登場したガバナンスには以下の含意があるという。

第一の特徴は、国家や国際機関など行政機関だけですべての事象を把握し統治するのが難しくなってきている現実から発した「ガバナンスは、より具体的に、ネットワークの内部で複数のステークホルダーが互いに協力し合うという、複合的で複数の管轄権を有する新しい統治プロセスの台頭を指す」（同前書、九〜一〇頁）ものだという点である。

第二の特徴は、そうしたガバナンスの仕組みが、「従来の行政制度と市場のもつ特質を併せ持ったもの」に、「行政システムを市場メカニズムや非営利団体とかけ合わせたハイブリッドなもの」になってきている点である（同右書、一一頁）。

第三の特徴は、ガバナンスが「複数の管轄権をまたぎ、しかも多くの場合、国境をもまたいでいる点である」（同右書、一一頁）。この点は、政府が国際NGOに政策への助言を求める場合や、国際機関が国境を越えて「支援」する現状を想定すると、わかりやすい。（注6）

加えて第四に、ベビアがこれからの社会において重要になってくるという「協調型ガバナンス」の特徴があげられる。それは、市場メカニズムや支援組織のノウハウを応用するといっても、本書で見てきたような欠点がそれらにある以上、「政策を作り上げていくための互いに顔が見える討議の場に、関係するステークホルダーをすべて巻き込む」（同右書、一八三〜一八四頁）必要があるという視点である。岩崎正洋は、このように「多様なアクターが決定に関与することで導き出される政策の中身や方向性こそがガバナンス論の本質的な特徴を示すものであり、ガバメント論との決定的な違いを表している」（岩崎二〇一一、九〜一〇頁）と指摘する。

これらを総合して本書なりの定義を試みるとすると、ガバナンスとは、⑴国内外の、ときに国境を越えたあらゆる統治上の課題にたいし、市場や非営利組織のノウハウを生かしつつも、関係するステークホルダーがみな関わるかたちで解決を目指そうとするプロセスを指し、しかも、⑵そうしたプロセスが、あらゆる局面で分権的に進められる民主的協治を基礎とするものである、ということができるだろう。

◆「菜園家族」「商匠家族」を基礎とした「CFP複合社会」

国境を越えた構造的暴力の問題を改善しうるガバナンスの考察を目的とする本書では、右の二つの定義はとくに重視したい。これらの点を前提してはじめて、合意形成を行う基礎単位である〈地域コミュニティ〉の視点から、グローバルな次元での重要施策まで見晴るかすかたちで、ローカル、ナショナル、リージョナル、グローバル、それぞれの局面で分権的かつ民主的な協治がなされる世界像が、望ましいガバナンスのありかたとしてイメージされるからである。先に述べたように、この点でたいへん参考になるのが、小貫・伊藤が提唱する「CFP複合社会」構想である。ここでは、その内実について、私なりの理解をもとに説明してみよう。

CFPのCはキャピタリズム（Capitalism）、Fはファミリー（Family）、Pはパブリック（Public）を指している。この三つのセクターからなる複合社会を中心的に担うのが、三世代からなる家族である。社会人として働く世代は、週休二日＋α（＋αが三日なら五日）の週休をとり、家庭菜園をしたり（菜園家族）、自営業を営んだりする（商匠家族）[注7]。勤務日には、Cセクターの工場で働いたり、Pセクターの行政や協同組合での公的な仕事を遂行したりする。このように、生きる糧を自分たちで得たり自営したりする生活を基本とし、賃労働日を減らせば、全労働者による延べ労働日数は減るのだから無理なくシェアすればよいことになる。これは、すでに労働時間差によって差別されないワークシェアリングを実現しているオランダモデルを応用すればよいのだから、導入は難しくない（小貫・伊藤二〇一六、一五四頁）。また、このような働き方が実現すれば、家計を維持するため非正規での労働をかけ持ちしなければならないような状況も改善されていくだろう。つまり「熾烈なグローバル市場競争」のもとでの「科学・技術の発達による生産性の向上」が「人間労働の軽減とゆとりある生活につながるどころか」、「むしろ全般的労働力過剰に陥り、失業や、派遣・期間工・パートなど不安定労働をますます増大させ」てきた社会の大転換が可能となるのだ（同右書、一四八～一四九頁）。

しかし、土地をもっていない多くの市民が菜園家族としての生きかたを選択したいと思っても、そう簡単にはいかない。そこで小貫と伊藤が提案するのが、農地を斡旋する「農地バンク」の創設である。そうして多くの家族が菜園家族や商匠家族を選択したのち、商品の交換や助け合いがなされる地域の範囲としては、海と山とをつなぐ河川の流域圏がひとつの単位になりうる。菜園家族や商匠家族が生産したものは、そうした流域圏の地域のなかで、市場を通じて交換されてゆく（注8）。

でも、いくら祖父母の世代や子ども世代が手伝ってくれるとはいえ、とくに菜園は家族だけで維持するのが難しい。また、三世帯家族以外にも、いろいろな家族やアソシエーションのかたちがあり、菜園や自営業を維持するのが難しくなってくる局面が多々想定される。そういう場合には、地域で築かれる互助組織としての「なりわいとも」が発動し、助け合う。そうしたなりわいともが行きかう範囲をローカルの単位として、より大きな地域が形成されてゆく。

この「なりわいとも」は、集落（近世の〝村〟の系譜を引く）レベルの「なりわいとも」が基軸となるものの、それ単独で存在するのではなく、地域の基礎的単位である一次元の「菜園家族」にはじまり、二次元の「くみなりわいとも」（隣保レベル）、三次元の「村なりわいとも」（集落レベル）、四次元の「町なりわいとも」（市町村レベル）、さらには五次元の「郡なりわいとも」（森と海を結ぶ流域地域圏（エリア）、つまり郡レベル）、六次元の「くになりわいとも」（県レベル）といった具合に、多次元にわたる多重・重層的な地域構造を形づくっていく。（同前書、一五六～一五七頁）

このように、なりわいとも の重層性は、菜園家族・商匠家族を基盤とした〈地域コミュニティ〉から県レベルへと展開していくガバナンスの視点を提起している。

ここで、先の(1)と(2)に加え、ベビアもヘルドも重視している補完性原則、すなわち、(3)民主的決定はより小さなガバナンスで行うけれども、その単位で解決が難しい課題については、より大きなガバナンスが支援するという補完性原則を、ガバナンスの三つめの定義として加えたい。(注9)

◆オルタナティブなガバナンスへ向けて

このような「CFP複合社会」を、本書で考えるオルタナティブなガバナンスに重ねてみよう。

小農（Peasants）の語源にあるように（序章）、人びとが菜園家族・商匠家族として生活しながらその地にとどまり、自給的なエリアを形成し、「くになりわいとも」の連合体としてのナショナルを形成する。そして、ナショナルの連合体としてのリージョナル、さらにその上のグローバルへと重層的なガバナンスを形成し、不足する物資の交換や、文化・芸術・技術の交流などを、各主体同士の間で、自由かつ積極的に行ってゆく。

このようなガバナンスが実現されれば、海外から資源収奪をせずにすみ、結果として構造的暴力が縮減され、資源運搬時のマイレージも減って自然環境への負荷も低減されるだろう。また、中核国に住む私たちの暮らしにおいても、競争主義の色があせ、精神的な病や自殺にまで追い込まれる汲々とした働き方をせずによくなり[注10]、食糧危機の懸念からも解放されるだろう。また、地域で暮らす時間が圧倒的に長くなるので、趣味や文化交流など有意義な時間を過ごせるようになるだろう。結果として、地域の景観は保持され、災害にも強い国土が形成されていくに違いない。

このような生きかたや社会のありかたの転換は、〈帝国〉の論理から国内外の人びとを解放し、帝国の歴史が進展するなかで痛めつけられてきた自然を解放するというかたちで、維持可能なオルタナティブ・ガバナンスの創造へとつながっていくように思うのだ。

3 維持可能なガバナンスへの展望――CFP複合社会の諸相から考える

夢物語のように聞こえるかもしれないけれども、地域社会ではもう、こうしたガバナンスにつながると思われる実践がたくさんある。そこで「CFP複合社会」のメリットとそうした実践に取り組む方がたの生きいきとした姿とを結びつけながら、維持可能な社会への展望を示したい。

◆Fセクター

木材の話、ふたたび

新潟県旧守門村にIターンし、農林業で生計を立てている市井晴也さんは、資金ゼロからの農林業は可能という入門書（二〇二〇）を書かれている。季節によって違うけれども、農業を主にしながら週に数日森林組合の仕事をする市井さんの生きかたは、まさに菜園家族そのものだと思われる。

そんな市井さんは、大学卒業後、南洋材の供給地であるフィリピンやマレーシアで生存の危機にさらされている人びとの人権を守る市民団体に就職した。そして、現地での生活をしたり、省庁や商社への申し入れをしたりするなかで、構造的暴力をなくすには自分自身が農業をやるしかない、「農林業を生業にして、できる限りお金より自分の身体を使って生きよう」（市井二〇二〇、三七頁）と決意し、農業の知識がないまま守門村へIターンする。でも、住むところを探してくれたり、炭焼きや農林業の魅力を教えてくれたりした地域の人たちのおかげで暮らしてこられたという。

市井さんは、お金がないという理由で、地域の大工さんたちに教わりながら、なんと地域産材の自宅まで建ててしまう。この経験が生きて、たいていのものは自分で作ってしまうという、菜園家族かつ商匠家族としての暮らしを実現している。そしてもちろん、暖をとるのは薪ストーブだ。

こんな生きかたの世帯からなる〈地域コミュニティ〉が増えていけば、海外から農作物や木材を輸入することで生じる構造的暴力は確実に軽減されるだろう。そうなれば、マラヤグ村の人びとも構造的暴力の再来に怯えることなく、中核―周辺の関係性は対等なものへと改善されていくだろう。

賃労働を減らしても豊かに暮らせる生きかた

長野県大鹿村のなかでも、南アルプスの主峰・赤石岳の山麓にある山深い釜沢地区にIターンし、そこで自給自足の農業をしながら、依頼があったときだけ指圧マッサージの仕事をされている谷口昇さんの生きかたも、菜園家族としての生きかたを実践されていると感じる。

一九七〇年生まれで大阪府出身の谷口さんは、虫を取ったりレンゲの花を摘んだりした家の周りの田畑が、バブル景気の建設ラッシュでマンション等にどんどん潰され、思い出のある緑の街が一瞬で灰色になっていく感覚を覚え、日本を出たいという思いにかられるようになった。そこで、お金を貯めては世界放浪の旅に出る二〇代を過ごされた谷口さんは、海外に行ったからこそ日本のよさがわかったという。そこで二〇〇九年に大鹿村へIターンし、いまの暮らしを続けてきた。

ただし、リニア新幹線通過予定の大鹿村はいま、トンネル工事の残土問題で揺れている。谷あいの地区であるがゆえに貴重なはずの田んぼが、残土置き場になってしまった。それゆえ米の自給はできなくなったが、「地域を守ってきた先人の思いを受け継いで、この地域をよりよいかたちで次世代へ渡したい」と谷口さんはいう[注11]。その取り組みの意義については別の機会に紹介したい。

◆Cセクター

Cセクターは、乗り物の製作、大規模な建造物の建築、道路・橋梁・港湾などの建設工事等、大きなものを作るのに適しているため今後も残っていくだろう（ただし、モンドラゴンのような労働者協同組合立の大企業も世界には存在する）。一方、地域での暮らしに密着し豊かさを生み出すCセクターもある。その代表格が、藻谷浩介の提唱する「里山資本主義」である。

例えば、山あいの自然豊かな農村に暮らす人。ちょっと散歩をすれば、たきぎの四、五本拾うのは、それほど難しいことではない。過疎地と呼ばれる島に住む人。天気さえ良ければ、ちょっと釣り糸を垂れれば、その日の夕食を飾るアジの一匹くらい、釣れるかもしれない。〜中略〜今まで私たちは、そういう営みを「ちゃんとした経済」に入れてはいけないと思ってきた。または、思い込まされてきた。それに異を唱えようというのが「里山資本主義」である。（藻谷二〇一三、一三〜一四頁）

藻谷は、第Ⅲ部で焦点を当ててきた林業についての面白い取り組みをたくさん紹介している。たとえば、岡山県真庭市の銘建工業では、建築材を作る過程で生まれる木くずを原料とした「木質バイオマス発電」を取り入れ、廃棄料を支払っていた木くずを年間一億五〇〇〇万円もの収入に変えた。加えて、暖房用の木質ペレットも販売している（同右書、二八〜三五頁）。地域には、エネルギーに転換できるたくさんの資源があるのだ。関連して、長野県飯田市にある「おひさま進歩エネルギー株式会社」は、再生可能エネルギーを広め地域循環型のエネルギーを供給できる街を目指しているし、福島県喜多方市の会津電力もまた、再生可能エネルギーを広め、化石燃料を購入することで地域外に逃げていた富を循環させる圏域の創造を目指している。

このように、Cセクターにおいても、地域の実情に合った創意工夫によって、あらたな豊かさを生み出す取り組みがすでに行われているのだ。

◆Pセクター

話の舞台をまた大鹿村に戻そう。大鹿村は、一〇〇〇人に満たない人口の三割をIターンやJターン移住者とその子や孫の世代が占める、全国でも珍しい村である。そのため谷口さんのような生きかたを選択している方たちがたくさん住んでいる村でもある。

Iターン二世である山根沙姫さんは、そのような村で設立されたNPO法人「あんじゃねっと」の立ち上げメンバーで、主な事業である学童保育やお年寄りのデイサービスを維持すべく、毎日奮闘されている。山根さんによると、あんじゃねっとの職員は週二～三日だけ働く方も多いのだという。これも、大鹿村で菜園家族、商匠家族が根づいている証左かもしれない。(注12)

Pセクターでは、ほかにも卸売市場、農協、漁協、生活協同組合などたくさんの組織がある。注目したいのは、福井県小浜市での食育の取り組みである。(注13) 小浜市は食育に取り組む専門の部署を置き、未就学児への料理教室、地域の農家の野菜を給食の食材として届ける取り組みなどを実施している。こうした実践は、お年寄りの菜園で余った野菜などにあらたな価値を見出し、〈地域コミュニティ〉での地産地消を促進しつつ、子どもとお年寄りをつなげる役割を果たしてもいる。

◆FEC自給圏と内発的地域主義

こうした事例にみられるのは、CFP複合社会のなかで、人びとが、地域の自然との関わりから、あるいは産業の内側から、食料やエネルギーを自給し、子どもやお年寄りのケアも担っていく地域の姿である。これはまさに、内橋克人のいう「FEC自給圏」（食料・エネルギー・ケア）（内橋一九九五）だ。しかも、これらの取り組みが地域での自発的な創意工夫をもとに成立している。この点はまさに、「一定地域の住民＝生活者がその風土的個性を背景に、その地域の共同体にたいして一体感をもち、経済的自立性をふまえて、みずからの政治的、行政的自立性と文化的独自性を追求すること」を指す「内発的地域主義」を体現した姿だといえるだろう（玉野井一九七九、一一九頁）。

このような内発的発展を、西川潤は「自然環境との調和や文化遺産の継承、そして他者・他集団との交歓を通じる人間と社会の創造性を重視する発展」であり、それゆえに「生活様式や発展方法にかんする自律性が前提」になるととらえる。「そのような意味で、内発的発展とは、他者への依存や従属を峻拒する人間、または人間たちの発展のあり方といってよい」（西川一九八九、四頁）。

内発的発展論を先駆けて提唱した鶴見和子は、さらに歩を進めて、このような地域のありようは世界中の地域に共通の目標なのだと、次のように強調する。

内発的発展とは、目標において人類共通であり、目標達成への経路と、その目標を実現するであろう社会のモデルについては、多様性に富む社会変化の過程である。共通目標とは、地球上のすべての人々および集団が、衣・食・住・医療の基本的必要を充足し、それぞれの個人の人間としての可能性を十分に発現できる条件を創り出すことである。それは、現在の国内および国際間の格差を生み出す構造を、人々が協力して変革することを意味する。（鶴見一九八九、四九頁）

つまり、地域における能動的主体の自律性のもとでなされる、地域の自然や風土に根ざした、衣食住を満たせる豊かさを追求する内発的発展は、それが世界中の人びとの目標でもあるがゆえに、互いに協力しつつ、国際的な格差や構造的暴力を変革していくことにもつながるというのである。このように多様な内発的地域主義の主体が、自分たちの根をもちながらも、地球上すべての人びとの共通目標を実現しようとする視座は、ヘルドのコスモポリタニズムの目的にも通じている。

コスモポリタニズムの諸原則は文化の多様性を真正面から受け止めるとともに、文化的善の違いに発する対立に折り合いをつけ得る民主的文化を構築するための諸条件ともなる。要するに、至当な差異と民主的対話の前提条件にかかわるものなのである。近代のコスモポリタニズムは、個人の行動や社会活動の「共通の」、あるいは「基本的な」構造にとって必要な基本的諸条件を設定し、創出することを目的としている。（ヘルド二〇一一、五七頁）

私は、このように、固有の自然や風土に根ざした地域の内発性と、その内発的な発展プロセスに参画する人びとが、コスモポリタンとしての目標を追求する能動的主体ともなっていく場として〈地域コミュニティ〉をとらえたい。そうすれば、構造的暴力も縮減されて、中核・周辺で暮らす人びとがともに過酷な労働から解放され、資源の限界や温暖化の危機や廃棄物問題などのエコロジー危機も緩和され、維持可能な社会へと近づいていくだろう。

「菜園家族」を基調とするCFP複合社会は、世界史的に見れば、一八世紀イギリス産業革命以来の一貫した生産の分業化と資本の統合による巨大化の道に歯止めをかけ、さらにその向きを逆転させようとするものである。それは、家族および家族小経営それ自体がもつ人間形成の優れた側面と、小経営そのものに内在するエコロジカルな本質の現代的意義の再評価によるものなのである。（小貫・伊藤二〇一六、一四〇頁）

4　個の絶対的自由を基礎としたつながりのある社会へ

このように、〈地域コミュニティ〉を基盤としたナショナルが形成され、ナショナルの集ったリージョナル（注14）、グローバル・ガバナンスが形成される。併せて、〈地域コミュニティ〉や個が、その枠を超えて相互に交流していく。そのような多層性をもって織りなされるガバナンスを、「グローバルな社会民主政」として展望しているヘルドは、次のようにその内実の理想を語っている。

この政治概念は、国民国家が重要であり続けることを認めつつも、多層型のガヴァナンスによって、より広く、また、より多くのグローバルな諸問題に取り組むことができるとするものである。その目的は、ローカルとナショナルな次元で政治の説明責任と応答性を強化し、より広くグローバルな秩序において代表型の審議型議会を設立することにある。つまり、リージョンとグローバルなネットワークとならんで、都市と国民においても透明で民主的な政治秩序を確立することにある。（ヘルド二〇〇五、一五一〜一五二頁）

けれども、こうしたガバナンスの基盤である〈地域コミュニティ〉は、閉鎖性を帯びやすい。それでは元も子もないので、ここでは、地域を開かれたものにする実践を見ていくことにしよう。

◆阿智村の実践

たとえば、長野県阿智村の村政改革の事例は興味深い示唆を与えてくれる。阿智村では前村長の時代に利益誘導型の政治から脱却すべく改革がなされていった。必要な事業とそのための予算・決算の議論を、地域の自治会単位で行う仕組みに変更したのである（岡庭・岡田二〇〇七）。本書の表現でいえば〈地域コミュニティ〉に該当する自治会は、CFP複合社会構想でいえば「村なりわいとも」にあたる。この単位での合議を重視する阿智村の改革はまさに、村なりわいともでの「合議制に基づく全構成員参加の運営が肝心である」（小貫・伊藤二〇一六、一五九頁）という小貫と伊藤の理想を体現した事例だといえないだろうか。

ところで、当然、自治会単位での議論においては声をあげにくい人もいるだろう。それゆえ阿智村では、改革の際、自治会を、元の単位ではなく、地域住民で話し合ってその範囲を決めてもらうところから始めた。しかし、それでも声なき声をすくいあげるのに不十分だと考えた阿智村では「村づくり委員会」制度を導入した。村づくり委員会とは、ある問題に関して五名以上の村民が知恵を絞って課題を解決したいと申し出た場合、村は議論の場を用意し、提案された改善策を実行するよう努める義務を負うとした制度である。この制度によって、阿智村には図書館ができたり、障がい児への支援が拡充されたりしていった（岡庭・岡田二〇〇七）。また、いままでは村おこしのため見所のガイドをボランティアで行う有志の団体も立ち上げられた。このように村づくり委員会は、〈地域コミュニティ〉のなかで、自治会の枠を超え、問題関心を共有する複数の人びとが集い、声をあげやすくする効果をもっている。（注15）

デランティは、「コミュニティ生活への参加は個人的実現（パーソナル・アチーヴメント）の探求をうながすことができる」（デランティ二〇〇六、一六七頁）と指摘し、そのためには地域のあらゆる小集団や草の根組織の存在が大切だという。阿智村の実践はまさに、〈地域コミュニティ〉の自治でそれを実現しつつも、併せて、小さなアソシエーションを築く手助けをする仕組みを導入することで、個人における目標実現のためのウイングを極力拡げているように映る。誰にでも発言権を与えるマラヤグ村の拡大村民協議会のありかたもまた、この点に関連して有益な示唆を与えてくれているように思う。

こうした取り組みが国内外の自治体（町なりわいとも）で実現すれば、人びとの自由が阻害されないかたちでの内発的発展につながるのではないか。もちろん、それでも特定のコミュニティでの息苦しさを覚える人は出るであろうから、何人たりとも移動の自由を絶対に奪われてはならない、という点も付言しておきたい。

◆越境する個人支援が地域を開く

こうしたガバナンスのもとで、国境を越境するのは各種組織や行政プロセスだけではない。個人もまた、その境を乗り越え、グローバルに影響を与えるアクターとなりうる。たとえば第七章で紹介した田鎖浩さんは、商社に勤めていた頃、フィリピンの人びとの苦しい生活に直面し、仕事を辞め、個人で支援活動に没頭してきた。軌道にのったマニラ麻による製紙業の経営を現地の人びとに譲ったあとに取り組みはじめたのは、アグロフォレストリーの実践であった。これは、木材の伐採で痛めつけられた森の木々を回復させつつ、循環型の農の営みを実践する取り組みである。田鎖さんは、現地の天然の殺虫剤であるミームの木のエキスを用いた有機栽培を実現したのだ。

ＪＩＣＡの指導員として赴いたネパールの秘境で、厳しい暮らしに直面した故・近藤亨さんは、七〇歳から支援活動を始め、ヒマラヤの豊富な雪解け水と燦々と降り注ぐ日光と自身との響きあいから、稲作が可能だと直感。試行錯誤の末、保温効果の高い石壁のビニルハウスを作り、二五〇〇メートルの高地でついに稲を実らせた。植林も行い、燃料になってしまっていた牛糞を堆肥に回し、復活させた国営リンゴ園の剪定木を燃料とするサイクルもつくりだした（近藤二〇〇六）。

こうした実践は、鶴見和子の言葉を借りれば、地域の伝統を改良しながら自分たちの暮らしを維持してきた「小さき民」が、互いの知識や知恵を「手本交換」し、〈地域コミュニティ〉を維持可能なかたちへとつくり変えていく実践だといえないだろうか。私は、こうした行為主体を、お互いに協力しながら、大地との響きあいによりあらたな実践を創造するため、ともに知恵を伝えあう存在としてとらえ、〈キョウ民〉（郷・協・響・共・教民）と呼んではどうかと提案した[注16]（澤二〇〇九）。

このように、多層型のガバナンスのもと、人びとの声を反映させる行政機構が各次元で実現されつつも、非政府組織や〈キョウ民〉のような個人も相互に縦横に交流し、互いの暮らしを支えあう、という社会。そうした社会が実現したとき、エコロジー問題を改善しうる、維持可能な社会に向かって動く世界へと転換が成し遂げられるかもしれない。

5 菜園家族・商匠家族が職業として選択される社会へ

ここまで見てきたように、維持可能な暮らしを実践している方たちは、国内外にたくさんいる。このような、権力の意向に関係なく自らの信念で動き、結果として構造的暴力の緩和につながる実践をされている方がたは、まさに〈マルチチュード的コスモポリタン〉として生きているといえるかもしれない。そうした生きかたが広がっていけば、オルタナティブな社会へとさらに一歩近づくのではないか。問題は、そうした人びとの生きかたが次世代に伝わりにくいという点だ。

この点に関連して、ハッとさせられたのが、市井さんの「職業選択の不自由」という言葉だ。「高校の時、私は進路の選択ができなかった。別にグレていたとかではなく。今になってみれば選べるはずもなかったと分かる。農林業がこんなに自分の性に合うなんて知る由もない。これこそ何年かやってみなければ分からない」(市井二〇二〇、五七頁)。もしもこのとき、先生たちが農業の楽しさを知っていたら、少しは違っていたかもしれない、市井さんはそう述懐されている。第一次産業も、それを支える道具や機械の製作も、人類が存在し続けるかぎり、未来永劫なくてはならない仕事だ。でも、〈いのち〉を育むこうした仕事を、子どもにものを教える側の大人は、経済合理性の観点から見て将来のないものと決め込み、選択肢から外してきたのではないか。

でも、ここで見てきた地域、そこで〈農〉のある暮らしをしている人たちは、生きいきしている。だから、〈帝国〉の論理が行き詰まって生じている先行き不安な社会の状況に、一喜一憂する必要はない。私たちが生きていくためには、絶対に農は必須であり、それへの関わり方は、直接的・間接的なものがたくさんあるのだから(注17)。

最後は、「おらってにいがた市民エネルギー協議会」を立ち上げ、エネルギー自給圏を各地に形成してゆくべく、自然エネルギーを新潟県内各地に広める活動を展開されている佐々木寛さんの言葉で締めくくろう。

「自然エネルギーを自給するコミュニティを各地につくり、その流れを東アジアの市民とも連携して広げていく。そうやって、コミュニティ・エネルギーを拡げるなかで、国境を越えて市民同士がつながり、徐々に東アジアの平和の礎となる共同体をつくっていく。『東アジア自然エネルギー共同体』の夢です。私には、その夢を実現するための具体的な道すじも、もうはっきりと見えるような気がしています(注18)。」

【注】

（注1）小貫・伊藤（二〇一六）、二九八頁。

（注2）責任の語義に照らした「自己責任」という言葉の矛盾は、拙著（二〇一〇）第一〇章を参照。

（注3）ウォーラーステインによる諸限界の指摘については、水野和夫（二〇一四）でわかりやすく解説されている。ウォーラーステインの著作では『入門 世界システム分析』（二〇〇六）の5章を参照されたい。

（注4）一九九〇年代の時点で、ミースはこう予測していた。「日本はその領土の内外で植民地化と主婦化を行ってきた歴史を持っている。それなしには、輸出主導の日本の成長の『奇跡』は不可能だっただろう。しかし、ドイツと同様日本でも、労働力のより安い国や地域でより多くの『相対的利益』を見つけようとするこのプロセスは、今や国内的な植民地化と二極化のプロセスをもたらしつつある」（ミース一九九七、viii頁）。

（注5）ただし、北欧諸国のように、主婦の位置におかれていた女性を主要な労働力と見なして社会福祉政策を拡充させ、不況を乗り越えようとする社会民主主義政策の道を採った国もあった。

（注6）実は、国際機関の「支援」と括弧書きにしたのは理由がある。それは、国際経済機関の方針が、いわゆる「政府の失敗」後に新自由主義を採用したアメリカのワシントン・コンセンサスにもとづくものであったため、批判を受けて一九八九年に国連が方針を転換したからである（ベビア二〇一三、一五〇頁）。

（注7）商匠家族は、豆腐屋さん、酒や味噌・醤油を作る工場、お菓子屋さんなどの食品製造、服飾関係、各種多様な家内工場経営、伝統工芸などの工房、電気や機械の修理店、建設関係、商業・流通・サービスを担う八百屋さん、魚屋さん等の食料品店、靴屋さん、かばん屋さん、時計屋さん等の商品を売る店、レストラン、理髪店、クリーニング店、クリニック、作家や画家などの芸術家、映像関係、劇団、地域の新聞や雑誌など、多岐にわたる（小貫・伊藤二〇一六、一六六頁）。

（注8）「『菜園家族』にとって、畑や田や自然の中からとれるものは、そしてさらにそれを自らの手で工夫し

て加工し作りあげたものは、基本的には家族の消費に当てられ、家族が愉しむためにある。その余剰はお裾分けするか、一部は交換されることもあろう。また、海岸から離れた内陸部の山村であれば、当然のことながら、森と海を結ぶ流域地域圏（エリア）内の漁村との間に、互いの不足を補い合うモノとヒトと情報の交流の道が開かれてくる」（同前書、一三五頁）。

（注9）公平性の原理と自律性の原理をより確実にするための八つの主要原則がコスモポリタン民主政には必要だと強調するヘルドは、その六つめに「包括性と補完性」（ヘルド二〇一一、五一頁）をあげる。包括性とは「市民としての権力をすべての成人へ提供する」（ヘルド二〇〇二、二三七頁）ことであり、補完性とは、より小さな単位での自律性を尊重し、より大きな機関はそのための支援に徹すべきという「補完性原則」のことを指す（同右書、一三五頁）。ちなみに他の原則は、一つめが道徳的価値と尊厳性の平等、二つめが人びとを能動的主体として尊重すること、三つめが一人ひとりが第一、第二の基本原則を尊重する義務をもちつつ説明責任をもって事にあたること（ヘルド二〇一一、五一～五三頁）で、これら三つの原則は「コスモポリタンな道徳的世界の基本的組織原則」になる（同右書、五五頁）。主要原則の四つめは政治過程における人びとの「同意」（同右書、五一頁）。五つめは「投票手続きに即して公的事項を集団的に決定する」という原則である（同右書、五一頁）。第六は、先にあげた「包括性と補完性」である。主要原則の第七は、第一の範疇である道徳的世界観を共有し、第二の範疇である包括性と補完性の原則のもとで同意にもとづき自律的に活動できるようにするため、障がいとなっている重大な害悪を避け、緊急の必要に応えるという社会正義の原則である（同右書、五四頁）。第八は、将来世代に禍根を残さないように現役世代が行動するための「持続可能性の原則」である（同右書、五五頁）。

（注10）「『菜園家族』の人々は、やがて市場原理至上主義『拡大経済』下の営利本位の過酷な労働から次第に解き放たれ、自分の自由な時間を自己のもとに取り戻し、『菜園』をはじめ、文化・芸術など創造的で精神性豊かな活動に振り向けていくことであろう。そして、大地に根ざした素朴で強靭にして繊細な精神、

慈しみの心、共生の思想を育みながら、人類史上いまだかつて経験したことのなかった、いのち輝く暮らしと豊かな精神の高みへと、時間をかけてゆっくりと到達していくに違いない」（小貫・伊藤二〇一六、一三九頁）。

（注11）二〇一八年九月二二日のインタビューより。

（注12）二〇一九年九月二一日のインタビューより。

（注13）ＮＨＫ『福祉ネットワーク』「シリーズ地域からの提言」二〇一〇年三月三〇日放送。

（注14）リージョナル・ガバナンスに言及する紙幅がないので、ヨーロッパ連合の成立過程を追った西原誠司の研究を参照しつつ、留意点を記したい。西原によると、ＥＵは多国籍企業が資本蓄積のため国境という障壁を取り払いたいと欲したところに端を発している。私見によれば、そうであるからこそ、小農の権利の採択時、多くの西欧諸国が反対や棄権をしたのだと推測される。それゆえ「ＥＵ統合を典型とする国際的地域経済ブロックの形成は、万能の特効薬でもなければ、理想のモデルでもない」（西原二〇二二、三八頁）。そうなると、今後の課題は、示唆的な実践に学びつつ、リージョナル・ガバナンスをいかにボトムアップ型のものに変革するか、ということになるであろう。

（注15）「自分たちの郷土を点検し、調査し、立案し、未来への夢を描く。そしてみんなで共に楽しみながら実践する。時には集まって会食を楽しみながら対話を重ねる。こうした日常の繰り返しの中から、ことは動き出すのである」（小貫・伊藤二〇一六、一五九頁）。

（注16）授業のなかで〈キョウ民〉について提起したところ、卒業生の上原新太郎さんは、お互いの人びとが自らの依拠する故郷をもっている、という意味で「郷民」という側面も入れてはどうかと提案してくれた。今後は、この観点も含み込むものとして〈キョウ民〉概念を用いたい。

（注17）本文の流れの関係上、都市と地方とのつながりに言及できなかったけれども、重要なのは、農山村がなければ都市は維持しえないという、ふだん見過ごされがちな事実である。そして、都市に暮らしながら

も、たとえば棚田オーナー制度（この点に関して長岡参監督作品の映画『産土』は示唆的である）、産直でのつながり、エコツーリズム等への参加を通じて経済的に支援することなど、農山村の維持に寄与する方法はたくさんある。もうひとつ、都市での自治については紙幅の関係上、別の機会に考察したい。

（注18）二〇一八年九月七日のインタビューより。

【引用文献】

市井晴也（二〇二〇）『半農半林で暮らしを立てる――資金ゼロからのIターン田舎暮らし入門』築地書館

岩崎正洋（二〇一二）「序章　なぜガバナンスについて論じるのか――政治学の立場から」、秋山和宏・岩崎正洋編著『国家をめぐるガバナンス論の現在』勁草書房

内橋克人（一九九五）『共生の大地――新しい経済が始まる』岩波新書

小貫雅男・伊藤恵子（二〇一六）『菜園家族の構想　蘇る小国主義日本』かもがわ出版

岡庭一雄・岡田知弘（二〇〇七）『協働がひらく村の未来――観光と有機農業の里・阿智』自治体研究社

近藤　亨（二〇〇六）『秘境に虹を賭けた男　ネパール　ムスタン物語』新潟日報事業社

佐藤博志・岡本智周（二〇一四）『「ゆとり」批判はどうつくられたのか――世代論を解きほぐす』太郎次郎社エディタス

澤　佳成（二〇〇九）「〈農の自然史的意義〉を実践する主体としての〈キョウ民〉の思想――世界食糧危機に応えうる環境思想概念提起の試み」、環境思想・教育研究会編『環境思想・教育研究』第3号

澤　佳成（二〇一〇）『人間学・環境学からの解剖――人間はひとりで生きてゆけるのか』梓出版社

玉野井芳郎（一九七九）『地域主義の思想』農山漁村文化協会

西川　潤（一九八九）「内発的発展論の起原と今日的意義」、鶴見和子・川田侃編『内発的発展論』第1章、東京大学出版会

西原誠司（二〇一二）『グローバライゼーションと民族・国家を超える共同体』文理閣
鶴見和子（一九八九）「内発的発展論の系譜」、鶴見和子・川田侃編『内発的発展論』第2章、東京大学出版会
水野和夫（二〇一四）『資本主義の終焉と歴史の危機』集英社新書
藻谷浩介・NHK広島取材班（二〇一三）『里山資本主義――日本経済は「安心の原理」で動く』角川oneテーマ21
山田昌弘（二〇〇七）『希望格差社会――「負け組」の絶望感が日本を引き裂く』ちくま文庫
M・ベビア（二〇一三）『ガバナンスとは何か』野田牧人訳、NTT出版
J・デランティ（二〇〇六）『コミュニティ――グローバル化と社会理論の変容』山之内靖・伊藤茂訳、NTT出版
D・ヘルド（二〇〇二）『デモクラシーと世界秩序――地球市民の政治学』佐々木寛・遠藤誠治・小林誠・土井美穂・山田竜作訳、NTT出版
D・ヘルド（二〇〇五）『グローバル社会民主政の展望――経済・政治・法のフロンティア』中谷義和・柳原克行訳、日本経済評論社
D・ヘルド（二〇一一）『コスモポリタニズム――民主政の再構築』中谷義和訳、法律文化社
M・ミース（一九九七）『国際分業と女性――進行する主婦化』奥田暁子訳、日本経済評論社
I・ウォーラーステイン（二〇〇六）『入門 世界システム分析』山下範久訳、藤原書店

おわりに

「単著を出版しませんか」とお話をいただいてから、早くも四年以上の歳月が流れてしまった。執筆にとりかかると、ふだんの勉強不足が露呈する。それゆえ研究して再度執筆を始めても、また深められていないところが見つかって研究する……そんな日々が続いた。

そんな苦労の結晶（?）である本書を執筆した動機は、海外での開発問題と深く関わっているにもかかわらず、しかも私たちのいのちの維持と直結するにもかかわらず、その事実がほとんど意識化されることのない食と〈農〉の問題が、この国では忘れ去られすぎているのではないか、という危機感だった。その危機感からなる考察と本書なりの改善策は本文中に記したので、最後に、そもそもあまり一般的ではなく、読者も聴きなれないであろう私の研究分野の環境哲学とは、いったいどんな学問かという点について、本書での考察と関係させつつ説明し、本書を終えたいと思う。

私は、環境哲学研究には三つの柱があると考えている。

環境問題は、大量生産—大量消費社会を出来させた、資本主義を基調とする近代化にその根本的な要因がある。近代化は、本書でも見た自然を労働によって変革する哲学、自然権思想や自然を分析の対象とする哲学（機械論的自然観や心身二元論）など、世界の見方を一変させた哲学上の大転換が、中世の神学のくびきを振り払っていなければ起こりえなかった。であるならば、哲学上の大転換は環境破壊へとつながった近代化を後押ししたことにもなる。それゆえ環境哲学研究では、環境問題に与えた哲学理論上の影響を考察する必要がある。それが環境哲学の第一の柱である。本書では、開発に影響を受けた農の現状をひも解きつつ、この点を明らかにするよう努めた。

いまや環境問題は、地球上の動植物や人類の存亡が問われるほどに深刻化している。その要因である近代化に影響を与えた哲学上の問題点を分析したあとは、では不可逆的な進行をみせる環境問題を改善するために、どんな思想や哲学が重視されるべきか、という考察が必要になってくる。この点が、環境哲学の探求で重視したい二つめの柱である。本書では、この点を、〈農〉の営まれる〈地域コミュニティ〉を基盤としたオルタナティブなガバナンスと、そこで躍動する人びとのありように求め、〈マルチチュード的コスモポリタン〉という新たな視点を提起した。

そして最後に、環境哲学の探求で大切にしたい第三の柱は、こういった改善策を探るとき、地域で先進的かつ示唆的な取り組みをされている方がたの実践や考え方に学ぶという研究である。本書では、オルタナティブなガバナンスで想定される望ましい生きかたを、すでに実際の行動で示されていると思われる方がたの実践の紹介を交えつつ素描するよう努めた。

このような、三つの柱からなる環境哲学研究をもとに、私なりの環境問題の分析と、それを改善しうるようなオルタナティブなガバナンス、およびそこでの人びとのありようについて考えてきたのだけれども、まだまだ研究の途上にあるのを痛感している。また、地域の方がたから学んだ考え方や実践を、分析のなかで十分に生かしきることもできていない。

そんな課題の残る本書だけれども、内容についての文責は、著者である私にある。読者のみなさまのご意見やご助言をいただけたら望外の喜びである。

謝辞

最後に、本書を執筆するにあたり、お世話になったみなさまへの御礼を述べたいと思います。

まず、お忙しいにもかかわらず、日々実践されていることやそこから考えたご自身の思想について教えてくださり、いつも深い学びを与えていただいている地域のみなさまに、心より御礼申しあげます。今回は、そのなかでも、第八章でインタビュー内容を紹介させていただいた、大鹿村の谷口昇さんと山根沙姫さん、新潟国際情報大学の佐々木寛先生、そしてお名前を出すのを控えたいとお申し出のあったみなさまを含めまして、有益な示唆を与えていただいたことを心から感謝申し上げます。また、文献や映像資料で生きいきとした姿からたくさんの示唆を与えてくださったみなさまにも、御礼申し上げます。チャンスがあれば、今回は収録できなかった地域のみなさまのお考えや取り組みから考えたことについても、広く社会に伝えていけたらと考えております。

非常勤講師時代、授業やゼミで刺激を与えてくださった東京家政大学、健康科学大学、立教大学の学生のみなさん、正規の大学教員職に就いてからともに語り合った弘前大学、東京農工大学の学生のみなさんにも、厚く御礼申し上げます。とくに、自主ゼミの「科学論研究会」（弘前大学）・「けやきの会」（東京農工大学）に参加してくれたみなさん、弘前大学時代の哲学研究室、東京農工大学の環境哲学研究室のゼミ生のみなさんとは、ときにお酒を酌み交わして熱く語らいながら学びを深めた思い出が走馬灯のように思い出されます。いろんな気づきを与えてくれた学生のみなさんとの交流があったからこそ、この本を完成させることができました。

学会や研究所でお世話になっているみなさまにも厚く御礼申し上げます。研究大会や定例研究会での議論や、調査先での語らいを通じて、また、ときに貴重なご著書やご論考からあらたな気づきを与えていただいたからこそ、この本を書き上げることができました。

非常勤講師の時代から、勤め先の大学でお世話になった同僚の先生がたにもまた、厚く御礼申し上げます。ときに真面目な会議の場で、ときに飲み会の場で、貴重なアドバイスや気づきをいただきました。それも、この本を書き上げるうえでの栄養となっています。

東日本大震災と福島第一原発事故が起こったあと、「いまこそ市民と研究者が未来について語る場をつくらないといけない」というIさんの熱い思いから立ち上がった文明フォーラム@北多摩での定期的な議論もまた、この本を書き上げるうえで貴重な学びとなりました。御礼申し上げます。

さらに、鹿児島大学、東京農工大学で学生時代にお世話になった恩師の先生がたにも厚く御礼申し上げます。先生がたのご指導があったからこそ、多角的に、かつ広い視野をもって思考することの重要性を学び、本書に生かすことができました。

そして最後に、長いあいだ温かい言葉で励まし、助言を与えてくださったはるか書房の小倉修さんには、ご迷惑をおかけしたことをお詫びするとともに、心より御礼申し上げます。

みなさまの知的刺激や支えがなければ、本書は完成しませんでした。厚く御礼申し上げます。

そして、最後まで支えてくれた家族へ。言葉に尽くせぬ感謝を込めて、本当にありがとう！

二〇二三年二月二三日

澤　佳成

初出一覧

初出一覧は以下のとおりです。ただし、初出のある箇所であっても、かなりの加筆修正と換骨奪胎を行っているので、原型はほとんどとどめていないことを、あらかじめご了承ください。転載を承認してくださった学会、研究会、研究所に心より御礼申し上げます。

序章　書き下ろし

第一章　4、6節は書き下ろし

1〜3、5節および【コラム1】　澤　佳成（二〇一六）「グローバルな共生の可能性――携帯電話をとりまく「つながり」から考える」、尾関周二・矢口芳生監修、古沢広祐・津谷好人・岡野一郎編『共生社会Ⅱ　共生社会をつくる』第3部第2章、農林統計出版

第二章　「小農の権利が尊重されるべき理由を考える――ハイチ共和国の歴史と現在の視点から」、環境思想・教育研究会編『環境思想・教育研究』第一四号、二〇二一年

第三章　澤　佳成（二〇〇九）博士学位論文「環境破壊の根源的意味と人間―自然の共生原理にかんする考察――『自然の価値』論と社会正義論の観点をふまえて」第Ⅰ編「環境破壊の諸相――構造的メカニズムによる自然環境と人間との破壊」東京農工大学大学院連合農学研究科

澤　佳成（二〇一三）「『所有』概念による共生社会の理論的基礎づけの試み――J・ロックとマルクスの思想から」、共生社会システム学会編『共生社会システム研究』第7巻第1号、農林統計出版

第四章　澤　佳成（二〇一六）「〈地域コミュニティ〉を基盤とした多元的グローバル・ガバナンスに向けて」、総合人間学会誌第10号『コミュニティと共生――もうひとつのグローバル化を拓く』学文社
第五章　書き下ろし
第六章　書き下ろし
【コラム2】　書き下ろし
第七章　1、2、5節は書き下ろし
3〜4節　澤　佳成（二〇二〇）「気候変動を緩和しうる持続可能な社会を考える――森林破壊の問題の『環境正義』による分析をふまえて」、民主教育研究所編『季刊 人間と教育』107号、旬報社
【コラム3】　書き下ろし
第八章　書き下ろし

※　本書における研究成果の一部はJSPS科研費16K16235の助成を受けたものです。

著者紹介

澤　佳成（さわ よしなり）

1979年1月生まれ。鹿児島大学教育学部卒業、同大学院教育学研究科修了（教育学修士）。東京農工大学大学院連合農学研究科修了（博士〔学術〕）。2008年より東京家政大学ほか非常勤講師、2011年より弘前大学教育学部専任講師を経て、2013年より東京農工大学大学院農学研究院専任講師。専攻は環境哲学、〈農〉の哲学。

著書　『人間学・環境学からの解剖――人間はひとりで生きてゆけるのか』（梓出版社、2010年）、『リアル世界をあきらめない』第4章「環境へのマニフェスト」（共著、はるか書房、2016年）、『「環境を守る」とはどういうことか』第5章「原発公害を繰り返さぬために――環境正義の視点から考える」（尾関周二 環境思想・教育研究会編、岩波ブックレットNo.960、2016年）、『レイシズムを考える』第15章「公的レイシズムとしての環境レイシズム」（清原悠編、共和国、2021年）ほか

開発と〈農〉の哲学
――〈いのち〉と自由を基盤としたガバナンスへ

二〇二三年四月五日　第一版第一刷発行

著　者　澤　佳成
発行人　小倉　修
発行元　はるか書房
東京都千代田区神田三崎町二―一九―八　杉山ビル
TEL〇三―三二六四―六八九八
FAX〇三―三二六四―六九九二
発売元　星雲社（共同出版社・流通責任出版社）
東京都文京区水道一―三―三〇
TEL〇三―三八六八―三二七五
装幀者　丸小野共生
製　作　シナノパブリッシングプレス
定価はカバーに表示してあります
落丁・乱丁本はお取り替えいたします
ISBN978-4-434-31863-4　C3036

＊はるか書房の本＊

豊泉周治著
幸福のための社会学
●日本とデンマークの間
本体一八〇〇円

神代健彦・藤谷秀編著
悩めるあなたの道徳教育読本
●よりマシな道徳科をつくるために
本体一八〇〇円

時代をつくる文化ラボ制作
リアル世界をあきらめない
●この社会は変わらないと思っているあなたに
本体一六〇〇円